W0075510

HOLGER LUNDT
DIE TULPEN DES SULEIMAN

Holger Lundt

DIE TULPEN DES SULEIMAN

Ein Spaziergang durch die Gärten
der Geschichte

Artemis & Winkler

Bibliografische Information der Deutschen Nationalbibliothek

Die Deutsche Nationalbibliothek verzeichnet diese Publikation
in der Deutschen Nationalbibliografie;
detaillierte bibliografische Daten sind im Internet über
http://dnb.d-nb.de abrufbar.

© 2009 Patmos Verlag GmbH & Co. KG
Artemis & Winkler Verlag, Düsseldorf
Alle Rechte vorbehalten.
Printed in Germany
ISBN 978-3-538-04005-2
www.artemisundwinkler.de

INHALT

EINFÜHRUNG

Geh aus mein Herz und suche Freud
In dieser lieben Sommerzeit
*   An deines Gottes Gaben:*
Schau an der schönen Gärten Zier
Und siehe wie sie mir und dir
*   Sich außgeschmücket haben.*

Die Bäume stehen voller Laub
Das Erdreiche decket seinen Staub
*   Mit einem grünen Kleide*
Narcissus und die Tulipan
Die ziehen sich viel schöner an
*   Als Salomonis Seyde.*

Paul Gerhardts Sommer-Gesang ist nur *ein* Beispiel für unendlich viele Gedichte, die den Zauber der Natur verherrlichen. Aber nicht nur Poeten haben einen Blick für die Schönheit der Blumen, Büsche und Bäume, auch große Personen der Weltgeschichte besaßen oft eine erstaunliche Beziehung zu Zier- oder Nutzpflanzen.

So eint Platon, Rousseau, Goethe und Schiller, aber auch Napoleon und Churchill eine gemeinsame Leidenschaft: die Liebe zu dem kleinen, eher unscheinbaren Veilchen.

Haben Pflanzen sogar Einfluss auf den Lauf der Geschichte genommen? Zweifellos. Die Domestizierung der Wildpflanzen bildete die Grundlage für eine sich entwickelnde Landwirtschaft und ermöglichte damit arbeitsteilige Gesellschaften. Pflanzen besitzen die auf unserem Planeten einmalige Eigenschaft, aus Sonnenlicht, Wasser und Kohlendioxid organische Substanz aufzubauen. Damit bilden sie die Basis der Nahrungspyramide und die Grundlage für jedes höher entwickelte Leben.

Pflanzenprodukte stellen aber auch einen wirtschaftlichen Faktor dar: So schickte die Pharaonin Hatschepsut eine Expedition ins sagenumwobene Land Punt, weil sie von Weihrauch-Importen unabhängig werden wollte. Weihrauch wurde vor allem bei Kulthandlungen gebraucht, wo das Harz bekanntlich noch heute Verwendung findet.

Vermutlich seit Beginn der Menschheit nutzten unsere Vorfahren auch die vielfältigen Heilkräfte der Pflanzen. Der Sage nach bewahrte die Silberdistel, eine Heilpflanze, Karl den Großen und seine Armee vor der Pest und sicherte so seine Herrschaft. Und gerade in unseren Tagen erleben wir eine Rückbesinnung auf naturheilkundliche Verfahren.

Der reine Nutzen ist eine Sache, eine andere die Verführung durch den Geschmackssinn. Wer könnte da besser angeführt werden als Lucullus, der die Süßkirsche nach Europa brachte? Seine Wandlung vom beinharten Feldherrn zum Sinnenmensch ist nicht zuletzt auf die Begegnung mit persischer Gartenkunst in Kleinasien zurückzuführen.

Wenn es um die Berauschung der Sinne geht, dann stand schon in der Antike der Wein im Vordergrund. Zunächst nur rund ums Mittelmeer. Im einem der folgenden Kapitel wird jedoch das Engagement Karls des Großen beschrieben, Weinanbau auch in Deutschland nach den Wirren der Völkerwanderung wieder einzuführen. Ähnlich warb der Präsident, Winzer und Gärtner Thomas Jefferson, gegen die Stimmen seiner puritanischen Zeitgenossen, für Weinanbau in den Vereinigten Staaten und setzte sich auch für die vermeintlich aphrodisierende Tomate in Nordamerika ein.

In einem Streifzug durch fast 2500 Jahre und über die Kontinente hinweg wird im vorliegenden Buch erzählt, über welch geheimnisvolle Macht Zier- und Nutzpflanzen verfügen. Es entsteht so eine kleine Weltgeschichte der anderen Art.

Königin Hatschepsut
DIE REISE NACH PUNT
*Weihrauchbaum, Myrrhebaum, Papyrus
und Libanon-Zeder*

Hatschepsut (Regierungszeit 1479–1458 v. Chr., 18. Dynastie) war nicht die erste und einzige Frau auf dem Pharaonenthron. Doch Ägypten erlebte unter ihrer Herrschaft während der Epoche des Neuen Reiches eine besondere Blüte der Kultur und Wirtschaft. Während ihre Vorgänger und insbesondere ihr Nachfolger Thutmosis III. Kriege und Eroberungsfeldzüge führten, war Hatschepsuts Herrschaft, abgesehen von einem Feldzug gegen die Nubier und kleineren Strafexpeditionen, von einer langen Friedenszeit geprägt.

Hatschepsut war die Tochter von Thutmosis I. und Königin Ahmose. Ihr Name bedeutet »Die Erste der Damen«. Als Pharaonin nahm sie den Thronnamen »Maat-ka-Re« an (»Gerechtigkeit und Lebenskraft des Re«). Aus ihrer Ehe mit Pharao Thutmosis II. gingen zwei Töchter hervor, von denen nur Neferu-Re namentlich bekannt ist; man vermutet, dass die zweite Tochter früh starb. Nach dem Tod von Thutmosis II. ging die Nachfolge formal auf den nächsten männlichen Erben, Thutmosis III., über, der aus der Verbindung des Pharaos mit einer Nebenfrau stammte. Da dieser jedoch erst drei oder vier Jahre alt war, übernahm

12

Hatschepsut stellvertretend die Regentschaft für den kleinen Jungen. Sie begnügte sich jedoch nicht mit der Stellvertreterrolle, sondern beanspruchte den vollen Pharaonenstatus. Mit einer feierlichen Zeremonie im Reichstempel von Karnak bei Theben ließ sie sich durch Aufsetzen der beiden Kronen von Ober- und Unterägypten zur Herrin beider Länder küren. Die Krone Unterägyptens verkörperte die schlangengestaltige Schutzgöttin Uto, weshalb sie mit einem Kobrakopf auf der Stirn verziert war. Zu Ehren der Geiergöttin Nechbet, der Schutzgöttin Oberägyptens, schmückte sie sich mit einer Geierhaube. Als weitere Herrschaftsinsignie trug sie einen künstlichen Pharaonenbart, mit dem sie auf mehreren Büsten dargestellt ist.

Hatschepsut sah sich als Erneuerin, die einen friedlichen Wiederaufbau der Pharaonenherrschaft betrieb, nachdem noch die Erinnerung an die siebzig Jahre zuvor beendeten Fremdherrschaft der Hyksos wach war, eines Stammes, der aus Nordosten nach Ägypten eingedrungen war. »Ich habe wieder aufgebaut, was zerstört war seit der Zeit, als die Asiaten in Auaris herrschten, räuberische Horden unter ihnen. Sie stürzten um, was gebaut war, sie herrschten ohne Re«, so lässt Hatschepsut ihre Innenpolitik in einer Tempel-Inschrift verewigen. Sie ließ zahlreiche neue Bauten im Amun-Tempel von Karnak errichten, darunter eine Sphinx-Allee und einen großen Obelisk zu ihren Ehren, der mit 29,5 Metern Höhe der größte heute noch in Ägypten stehende Obelisk ist. Ihr großartigstes Bauwerk ist jedoch der in fünfzehn Jahren Bauzeit entstandene, terrassenförmig angelegte Totentempel im Tal von Deir el-Bahari, der mit zahlreichen religiösen und politischen Darstellungen die wichtigsten Stationen von Hatschepsuts Leben dokumentiert. Ihr Architekt, Baumeister und oberster Vermögensverwalter war Senenmut, der zugleich der Erzieher und Lehrer ihrer Tochter Neferu-Re war. Manche Ägyptologen spekulieren darüber, ob Hatschepsut eine Liebesbeziehung zu Senenmut hatte.

Die Pharaonin starb nach etwa zweiundzwanzig Jahren Herrschaft, erst im Juni 2007 konnte ihre Mumie unter einer Vielzahl anderer Mumien, die im Ägyptischen Museum in Kairo aufbewahrt werden, identifiziert werden, wobei die Anwendung moderner Computertomographie letztlich zu diesem Ergebnis führte. Man stellte dabei fest, dass sie einen Tumor in der Bauchhöhle hatte. Sie starb entweder an diesem Krebsleiden oder an den Folgen der akuten Entzündung eines Weisheitszahns.

Nach ihrem Tod wurde ihr Name auf vielen ihrer Bauwerke entfernt. Zunächst nahm man an, dass Thutmosis III. diese Maßnahme angeordnet hat, da seine Stiefmutter ihm lange Zeit die Herrschaft vorenthalten hatte. Neuere Untersuchungen ergaben jedoch, dass diese Schändungen deutlich später stattgefunden haben.

DIE REISE NACH PUNT

Königin Hatschepsut schickte eine Expedition in das sagenumwobene Land Punt, eine Reise, die sie im Totentempel von Deir el-Bahari in großer Detailfülle auf Wandgemälden und in Hieroglyphen-Texten dokumentieren ließ. Bis heute ist trotz zahlreicher Nachforschungen nicht völlig geklärt, wo das Land Punt lag. Man vermutet den Bereich des heutigen Eritrea, Äthiopien und Somalia. Es gibt aber auch Spekulationen, dass die Schiffe entlang der ostafrikanischen Küste im Indischen Ozean weiter nach Süden vorgedrungen sind. Schon vor Hatschepsut trieben Pharaonen Handel mit Punt, um von dort begehrte Güter wie Gold, Weihrauch und Ebenholz zu importieren. Doch die Pharaonin ging einen Schritt weiter: Sie ließ erstmals lebende Weihrauch- und Myrrhebäume (Boswellia carteri und Commiphoria simplicifolia) und zahlreiche exotische Tiere, darunter Paviane und Geparden, nach Ägypten schaffen. Ihre Punt-Expedition gilt als erste botanische Sammelreise der Geschichte. Die Bäume waren für den Tempel in Deir el-Bahari bestimmt, wo auf den Terrassen ein Lustgarten zu Ehren des Reichsgottes Amun angelegt werden sollte. Gemäß den Tempel-Inschriften war es Amun selbst, der Königin Hatschepsut, die man als seine Tochter verehrte, zu dieser Reise aufforderte: »Niemand hat das Myrrhengebirge zuvor betreten und die Menschen kennen es nicht, man hörte nur von Mund zu Mund von den Vorfahren davon. Zwar waren seine Wunder als Gaben gebracht unter deinen Vätern, den frühen Königen, im Handel von einem Land zum anderen gegen reiche Bezahlung. Niemand gibt es, der es erreicht hat, außer deinen Kundschaftern. Ich werde deine Mannschaft es betreten lassen und sie zu Wasser und zu Lande führen, dass sie die Gewässer unbekannter Kanäle erforschen, bis sie das Myrrhengebirge erreicht haben.«

Doch wie gelangten Hatschepsuts Expeditionsschiffe ins Rote Meer, zu dem es vom Nil aus keinen Wasserweg gab? Die insgesamt fünf Schiffe für diese Reise wurden auf einer Schiffswerft am Nil aus Zedernholz gefertigt. Es handelte sich um etwa dreißig Meter lange Schiffe mit Kiel und Steven für insgesamt dreißig Rudererplätze und einem Großsegel an einem Einzelmast. Die dicken Schiffsplanken waren verzapft und zusätzlich aufwendig mit einer Vielzahl von Seilen verspannt. Von Bug bis Heck erstreckte sich eine zentrale Spanntrosse. Der schwedische Ägyptologe Björn Landström beschreibt den Schiffstyp als Handelsgaleere, die für schnelle Fahrten in gefährlichen Gewässern gebaut wurde. Vermutlich war das Design mit einem Kiel von phönizischen oder kretischen Schiffen beeinflusst. Ältere ägyptische Schiffe waren flacher und ohne Kiel gebaut, was für Fahrten auf dem Nil problemlos war, sie aber nicht hochseetauglich machte. Seitdem 1954 neben der Cheops-Pyramide das komplette aus Zedernholz gefertigte königliche Schiff des Cheops ausgegraben wurde, das als ältestes erhaltenes Schiff der Weltgeschichte gilt, sind genaue Details der alten ägyptischen Bauweise bekannt.

Nach ihrer Fertigstellung wurden die Schiffe in Koptos, einige Kilometer flussabwärts von Theben (Luxor), sorgfältig in ihre Einzelteile zerlegt und danach in einer mehrtausendköpfigen Prozession von Trägern und Tragetieren 150 Kilometer durch die Wüste nach Osten zum Roten Meer transportiert. Dabei musste nicht nur Verpflegung für den zehn Tage dauernden Fußmarsch, sondern auch für eine mehrmonatige Seereise der zweihundert Mann Besatzung mitgenommen werden. Nach der Rückkehr von Punt wurden die Schiffe wieder zerlegt und zurück zum Nil getragen. Am Ende des Wadis Gawasis hat die amerikanische Archäologin Kathryn Bard 2004 ein antikes Schiffs-Depot mit Ersatzteilen aus Zedernholz ausgegraben, das dort für Instandsetzungsarbeiten vor und nach Fahrten auf dem Rotem Meer angelegt worden war.

Über die Seereise nach Süden entlang der Westküste ist wenig bekannt. Aber die Bilder im Tempel, die das Land Punt selbst darstellen, halten interessante Impressionen fest: Die Menschen dort lebten in Pfahlbauten, ihre Hütten hatten Formen, die einem Bienenkorb ähnelten und von Palmhainen umgeben waren. Zweifellos waren die Ägypter auch von der exotischen Tierwelt beeindruckt: Giraffen, Leoparden und große Tiere, bei denen es sich möglicherweise um Nashörner handelt, sind abgebildet.

Detailreich wird auf den Wandreliefs der Tauschhandel zwischen den Ägyptern und Fürst Perehu von Punt beschrieben, wobei Halsketten, Dolche, Armreife, Äxte und andere Erzeugnisse des ägyptischen Handwerks angeboten wurden. Die in Hieroglyphen verzeichnete Liste der eingetauschten Waren umfasst: »Alle Edelhölzer des Gotteslandes, Haufen von Weihrauchharz, Ebenholz und reines Elfenbein, pures Gold, Räucherwerk, Augenschminke (Antimon), Affen, Meerkatzen, Hunde, Leopardenfelle und Eingeborene mit ihren Kindern. Nie war Gleiches für einen König gebracht worden seit Anbeginn.« Zu den Pflanzen in Punt, die die Ägypter dokumentierten, zählt auch Aloe (Aloe vera).

Gold und Weihrauch hatte man schon zuvor aus dem Süden bezogen. Wirklich sensationell waren nun lebende Weihrauch- und Myrrhebäume, von denen insgesamt dreißig Exemplare mitgebracht wurden. Die Bilder zeigen je vier oder sechs Ägypter, die einen kleinen Baum tragen, dessen ausgegrabener Wurzelballen zum Schutz mit einem runden, flachen Spankorb umhüllt war.

Das Harz des Weihrauchbaums besaß für die Ägypter eine besondere religiöse Bedeutung. Das Wort »sonte« für Weihrauch war gleichbedeutend mit »göttlicher Duft« oder auch »der Göttlichmacher«. Weihrauch wurde als Räucherwerk bei religiösen Zeremonien insbesondere bei Opfer- und Reinigungsritualen verwendet. Dabei wurden die weißen Harz-Kügelchen in Räucherpfannen, Weihrauchfässern oder auf einer heißen Metallplatte verbrannt und entfalteten so ihren stark balsamischen, leicht blumigen Duft. Moderne Analysen haben ergeben, dass der Weihrauch der Boswellia neben harzigen Säuren auch Terpene enthält und der beim Verbrennen entstehende Rauch auf die Gehirnzellen ähnlich wirkt wie das Cannabis-Öl. Die Ägypter schätzten dieses mystische Aroma, »das Gott erkennen lässt«. Nach einem Bericht des Plutarch wurde der Tempel der Isis dreimal täglich geräuchert: morgens mit Olibanum, mittags mit Myrrhe und abends mit Kyphi, einer Mischung verschiedener Baumharze und Kräuter.

Für Myrrhe, das Harz des Myrrhebaums, verwendeten die Ägypter je nach Qualität mehrere Wörter, von denen »anti« das gebräuchlichste war. Eher flüssiges, gelbliches Ölharz nach der Ernte bezeichnete man auch als »medschet«. Dieses verwendete man für die Herstellung der begehrten Salben und Lotionen. Der Geruch der Myrrhe wird eher als herb würzig oder sogar geschmacklich bitter und brennend beschrieben. Verbrannte Myrrhe riecht deutlich strenger als der vergleichsweise liebliche Weihrauch. Myrrhe gilt als erfrischend und anregend. Darüber hinaus wurden Pflanzenextrakte in gelöster Form medizinisch vielfältig angewendet. Große Bedeutung besaß Myrrhe auch bei dem Ritual der Mumifizierung. In der Römerzeit war sie dreimal teurer als der beste Weihrauch. Der besondere Wert und das hohe Ansehen beider Pflanzen werden nicht zuletzt in der Bibel dokumentiert: Die Heiligen Drei Könige bringen dem neugeborenen Jesus als kostbarste Gaben Gold, Weihrauch und Myrrhe.

Für das Gelingen der Punt-Expedition war ein anderer Baum sehr wichtig, über den die Ägypter ebenso wenig verfügten: die Libanon-Zeder (Cedrus libani). Die wenigen in Ägypten vorkommenden Baumarten, zumeist Palmen und Akazien, waren gänzlich ungeeignet, um Balken, Bretter und Planken von entsprechender Qualität und Länge für den Schiffbau herzustellen. Daher waren die Ägypter auf den Import von Zedernholz angewiesen, das sie vermutlich vollständig von den Phöniziern aus der Stadt Byblos (etwa 40 Kilometer nördlich des heutigen Beirut) bezogen. Das früheste Dokument über diesen Holzhandel, der Palermo-Stein, belegt, dass der Pharao Senefru zwischen 2650 und 2600 v. Chr. vierzig Schiffsladungen Zedernholz aus Byblos importierte. Daraus ließ er drei Schiffe und neue Türen für den königlichen Palast bauen. Auch der aus der prädynastischen Zeit stammende Tempel von Nekhen (Hierakonpolis) südlich von Theben hatte ein Eingangsportal mit vier hohen Säulen aus Zedernholz, die knapp einen Meter Durchmesser hatten. Solch riesige Holzstämme vom Libanon-Gebirge bis nach Ägypten zu bringen, stellte eine Meisterleistung des phönizischen Transportwesens dar. Jede Säule hat mehrere Tonnen gewogen, und allein die Verladung auf Schiffe muss ungeheuer aufwendig gewesen sein.

Die Zedern waren nicht nur als Baustoff sehr begehrt, sondern man gewann aus ihnen auch das wertvolle Zedern-Öl, das bei der Mumifizierung von Leichen und ebenfalls als Duftöl verwendet wurde.

Es entwickelte sich ein sehr reger Holzhandel zwischen Ägyptern und den Phöniziern, bei dem die Ägypter im Gegenzug Edelmetalle, Nahrungsmittel wie Linsen und Getreide, Papier, Seile – die beide aus der Papyrusstaude (Cyperus papyrus) hergestellt wurden – und hochwertige Stoffe lieferten. Die Ägypter besaßen zu dieser Zeit ein Monopol bei der Herstellung von Papier. Hauptumschlagplatz für das aus dem Mark der Papyrusstaude gewonnene Papier war Byblos. Von hier aus wurde der gesamte Mittelmeerraum beliefert. Der Name dieser Stadt beschreibt ihre Bedeutung: Das griechische Wort »byblos« bedeutet Papyrus. – »Biblion« war der Begriff für ein Buch aus Papyrus, daher stammen unsere Wörter »Bibel« und »Bibliothek«, von »papyrus« leitet sich »Papier« ab. – Die Verwaltungsbeamten aller Länder verlangten nach diesem »Rohstoff« für Dokumente, und die Phönizier machten gute Geschäfte damit.

Nicht weniger begehrt waren die aus der Rinde des Papyrus gewonnenen Seile, die sich durch eine besonders hohe Zugfestigkeit auszeichneten und von den Schiffbauern und Seefahrern der Antike bevorzugt wurden. Homer beschreibt sie im einundzwanzigsten Gesang der »Odyssee« als »Tau von einem beiderseits geschweiften Schiff aus Byblos-Bast«. Sein Held Odysseus band damit die Türen zu, hinter denen er die Freier der Penelope erschlug.

Ein weiteres Luxusgut, das wiederum die Phönizier exportierten, waren Stoffe, die sie mit dem Farbstoff der Purpurschnecke (Murex brandaris und Murex trunculus) intensiv scharlachrot und purpur färbten. Stoffe mit diesen Farben galten in der Antike als besonders wertvoll. In Rom trugen die Senatoren eine Toga mit einem Purpurstreifen, und die Toga des Kaisers war komplett purpur gefärbt. Wie wertvoll Purpurstoffe waren, wird beispielsweise bei Ovid in seiner »Ars amatoria« beschrieben: »Was soll ich über Kleidung sagen? Weder verlange ich jetzt Goldbesatz noch dich, Wolle, die du rot bist durch tyrische Purpurschnecken.« Mit »tyrisch« ist hier die Herkunft aus der phönizischen Stadt Tyros gemeint.

Die Phönizier dehnten ihr Handelsgebiet auf den gesamten Mittelmeerraum aus: über Zypern, Kreta, den Peloponnes, Sizilien und Nordafrika bis nach Spanien, wobei sie zahlreiche Stützpunkte und Tochter-Städte

Papyrus

gründeten. Die wichtigste war das mächtige Karthago, lange Zeit der gefährlichste Gegner Roms. Einzelne Schiffe sollen im Atlantik bis nach England und im Süden nach Westafrika vorgedrungen sein.

Der intensiv betriebene Holzhandel und der Schiffbau führten zu einem gewaltigen Raubbau an den Zedern. Auch die Eroberer des Libanon plünderten diese natürliche Ressource. Als Thutmosis III., Hatschepsuts Nachfolger, auf einem Feldzug Byblos unter seine Herrschaft brachte, ließ er dies in folgender Weise dokumentieren: »Jedes Jahr werden für mich echte Libanon-Zedern geschlagen und an den Hof gebracht ... Wenn meine Armee kommt, dann bringt sie als Tribut die Zedern meines Sieges, die ich gewonnen habe aufgrund der Pläne meines Vaters (des Gottes Amun), der mir alle fremden Länder anvertraut hat. Ich habe nichts davon den Asiaten gelassen, denn es ist ein Material, das er liebt.« Die Plünderung der Zedernwälder des Libanon ist eines der frühesten Beispiele für Wald-Raubbau mit all seinen ökologischen Konsequenzen. Als Alexander der Große auf seinem Feldzug Richtung Ägypten durch das Libanon-Gebirge zog, gab es kaum noch Bäume in diesem einst üppig bewaldeten Gebiet. Die Römer zu Zeiten des Herodes und später die Osmanen setzten diese Rodungen fort, wenn es irgendwo noch Bäume zu fällen gab.

Die Libanon-Zeder spielt in zahlreichen alten Mythen eine große Rolle, beispielsweise im Gilgamesch-Epos, dem ältesten literarischen Werk der Geschichte. Im Königreich Uruk im Süden Mesopotamiens forderte der Herrscher Gilgamesch die Götter heraus und versuchte seine Macht und seinen Reichtum zu steigern. Er dringt in den vom heiligen Wald-Dämon Huwawa bewachten Zedernhain ein, um die riesigen, kostbaren alten Bäume zu fällen. Es kommt zu einem Kampf zwischen Gilgamesch und Huwawa, bei dem schließlich der Beschützer der Bäume unterliegt und Gilgamesch ihm den Kopf abschlägt. Danach fällt er alle Bäume und baut daraus neue Paläste. Enlil, der Hauptgott der sumerischen Religion, verflucht ihn für seinen Frevel: »Möge deine Nahrung von Feuer verzehrt werden und möge das Wasser, das du trinkst, vom Feuer getrunken werden!« In den baumlosen, verkarsteten Gebirgen des Nahen Ostens ist bei immer heißerem Klima die Prophezeiung längst Realität geworden.

DIE PFLANZEN

Der Weihrauchbaum (Boswellia carteri bzw. Boswellia sacra) gehört zur Familie der Balsambaumgewächse (Burseraceae). Er gedeiht in den Trockengebieten des heutigen Eritrea, Äthiopien, Somalia, Jemen, Oman und den im Indischen Ozean liegenden Sokotra-Inseln, wo insgesamt dreiundzwanzig Arten der Gattung Boswellia zu finden sind. Die kleinen Bäume mit knorrigem Wuchs werden nur 2 bis 3 Meter hoch und besitzen gestrüppartige, weit ausladende Äste. An den Astenden wachsen, meist spärlich fiedrig, neun bis fünfzehn dunkelgrüne, kleine ovale Einzelblätter und kleine, weiße Blütendolden. Die Einzelblüten mit fünf Blütenblättern weisen eine purpurne Färbung im Zentrum auf. Man erntet das begehrte Baumharz im Frühjahr und im

Frühherbst nach Anritzen der bräunlichen bis olivfarbenen Rinde. Ein zunächst noch weißer, gummiartiger, stark duftender Saft quillt heraus, der bald zu bernsteinartigen, transparenten Tropfen gerinnt. Nach dem Trocknen und Erstarren schabt man die 2 bis 5 mm großen Körnchen mit einem Messer ab, sie haben je nach Herkunft eine blassgelbe bis honigfarbene Tönung.

Man bezeichnet Weihrauchprodukte schon seit der Antike als Olibanum. In zahlreichen Religionen, darunter der katholischen und orthodoxen Kirche, wird bis heute Weihrauch bei Zeremonien verbrannt. Im alten Ägypten wurde er auch als Heilmittel geschätzt und spielte eine wichtige Rolle bei der Mumifizierung von Leichen.

Zur Zeit der südarabischen Reiche von Saba und Qataban war Weihrauch aus dem Gebiet des heutigen Jemen und Oman ein äußerst wichtiges Handelsgut, das von Karawanen über die antike Stadt Petra (im heutigen Jordanien) bis ans Mittelmeer nach Gaza und Alexandria gebracht wurde. Legendär ist die vom Olibanum-Handel reich gewordene Stadt Ubar, die im Lauf der Jahrhunderte im Sand versunken ist. Man vermutet, dass sie in der Nähe von Shisr im heutigen Süden des Oman gelegen hat.

In der Antike bezeichnete man das begehrte Olibanum auch als »Tränen der Götter«. Das Verbrennen dieses wohlriechenden Räucherwerks in Tempeln war sehr weit verbreitet und fand schließlich in Rom seinen Höhepunkt. So soll Kaiser Nero bei der Totenfeier für seine Gemahlin Poppea mehr Olibanum verbrannt haben, als in ganz Arabien in einem Jahr produziert wurde.

Auch der Myrrhenbaum (Commiphora abyssinica oder Commiphora simplicifolia) gehört zur Familie der Balsambaumgewächse (Burseraceae). Die Gattung Commiphora umfasst etwa zweihundert Arten. Der Baum wird bis zu 10 Meter hoch und kommt in Arabien, Somalia und Äthiopien vor. Sein krummer, gedrungener Stamm ist dicker als der des Weihrauchbaums und hat eine orange-grau gefleckte Rinde. Die bevorzugt auf felsigen Hügeln wachsenden Bäume haben sehr kleine drei- oder einzipflig krause Blätter mit stacheligen Enden und weißen, schnell welkenden Blüten.

Nach Einschnitten in die Rinde quillt bei aufsteigendem Saft Ende August, nach der Blüte, ein Balsamharz hervor, das nach Aushärten an der Luft geerntet wird. Man kratzt die getrockneten Tropfen entweder von der Rinde ab, oder man wartet, bis sie von selbst abfallen, und sammelt sie dann von Matten auf, die man unter den Bäumen ausgelegt hat. Das Myrrhe genannte Harz zählt zusammen mit dem Harz des Weihrauchbaums zu den bedeutendsten Duftstoffen und Räuchersubstanzen mit großer religiöser Bedeutung.

Die Libanon-Zeder (Cedrus libani) ist eine Zedernart aus der Familie der Kieferngewächse (Pinaceae). Ihr Vorkommen erstreckt sich von den Küstengebirgen der Südtürkei über Syrien bis in den Libanon, wo sie typischerweise in Höhenlagen von 1000 bis 2000 Metern vorkommt. Ein kleines Insel-Habitat besteht noch in der Nord-Türkei an der Küste zum Schwarzen Meer. Diese Zeder ist ein immergrüner Nadelbaum mit 1 bis 3 cm langen, stechenden Nadeln, die an Kurztrieben in Büscheln von dreißig bis vierzig Nadeln und an Langtrieben einzeln wachsen. Die Samen sitzen in etwa 10 cm langen Zapfen, die sich nach der Bestäubung nur alle zwei Jahre bilden. Samen werden erst ausgebildet, wenn die Bäume ein Alter von etwa fünfzig Jahren erreicht haben. Der imposante Baum erreicht eine Höhe von mehr als 30 Metern. Einzeln stehende alte Exemplare haben markante, waagerecht verlaufende große Äste; diese Silhouette hat die Libanon-Zeder zum Wappenbaum des modernen Staates Libanon gemacht. Heute ist der einst an Zedern und anderem Gehölz reiche Libanon nur noch zu sechs Prozent bewaldet, hauptsächlich mit Pinien, Wacholder und Eichenarten. Kleine Schutzgebiete mit Zedern existieren noch, am bekanntesten ist das in der Nähe von Bcharre, dem Geburtsort des Nationaldichters Khalil Gibran, wo einzelne Bäume mehr als tausend Jahre alt sein sollen. Die vier größten haben bei einem Stammumfang von 12 bis 14 Metern einen Durchmesser von etwa 4 Metern. Zedernholz war und ist immer noch wegen seiner besonderen Eigenschaften äußerst begehrt. Wegen seiner hohen Belastbarkeit und Bruchfestigkeit und der Tatsache, dass aus den großen Bäumen auch entsprechend lange Balken gesägt werden können, war es ein ideales Bauholz und wurde insbesondere für Paläste und Tempel verwendet. Besonders hohe Bäume wurden auch zur Fertigung von Masten und Schiffskielen ausgesucht. Die außerordentliche Haltbarkeit des Zedernholzes, seine Resistenz gegen Verwitterung und Fäulnis waren legendär: Die gut erhaltenen, mehr als viertausend Jahre alten Schiffsplanken des Königsschiffs von Cheops sind ein guter Beleg dafür. Daher wurde die Zeder in der Antike als Symbol der Unsterblichkeit angesehen. In Ägypten war sie der heilige Baum des Gottes Osiris, der sowohl Toten- als auch Fruchtbarkeitsgott war.

Die Papyrusstaude (Cyperus papyrus) gehört zur Familie der Riedgräser (Cyperaceae) und ist in den Tropen Afrikas und den Ländern des Nahen Ostens beheimatet. Sie wächst an Flüssen und in sumpfigen Gebieten. Dort wird sie bis zu 5 Meter hoch und hat einen dreieckigen Stängel ohne echte Blätter. Der auffallend große Blütenstand am oberen Ende des Stängels ist an der Basis von fünf oder sechs Hüllblättern umschlossen.

Zur Herstellung von Papier wurde zunächst der Halm der Pflanze geschält und dann das Mark in dünne Streifen geschnitten, die anschließend dicht aneinander gelegt wurden. Quer über diese Reihen wurden dann nochmals gleich lange Streifen gelegt und mit einem Tuch abgedeckt. Mit einem Holzhammer klopfte man dann diese Streifen zusammen, bis ein festes Blatt entstand. Nach dem Trocknen wurde das Blatt dann geglättet. Auf diese Weise fertigte man Papierstücke von 15 bis 40 cm Breite, die dann mit Mehlpaste aneinandergeklebt und aufgerollt wurden. Der längste gefundene Papyrus hatte eine Länge von mehr als 40 Metern. Man verwendete die Pflanze nicht nur, um Papier und Seile herzustellen, aus den langen Halmen des Papyrus fertigte man auch kleine Boote.

QUELLEN

Herm, Gerhard: Die Phönizier, Hamburg 1975

Hürter, Tobias: Süßwassermatrosen am Roten Meer, in: DIE ZEIT, Nr. 52, 2006

Holst, Sanford: Phoenicians, Los Angeles 2005

Landström, Björn: Die Schiffe der Pharaonen, München 1974

Saller, Walter: Die Frau, die Pharao wurde, in: Geo, Heft 07, 2002

Schulze, Peter H.: Herrin beider Länder Hatschepsut, Bergisch Gladbach 1974

Spalinger, Anthony J.: Das Reich auf dem Gipfel der Macht, in: Schätze aus Ägypten, hrsg. von der National Geographic Society, Berlin 1990 [Sammler-Sonderband]

Breasted, Henry: Ancient Records of Egypt, vol. II: The 18th Dynasty, Chicago 1906

Brosse, Jacques: Mythologie der Bäume, Olten 1990, 5. Aufl. Düsseldorf 2003

Faure, Paul: Magie der Düfte, München/Zürich 1991

Godet, Jean-Denis: Bäume und Sträucher, Melsungen 1987

Groom, Nigel: Frankincense and Myrrh, London/New York 1981

Harrison, Robert P.: Wälder, München/Wien 1992

Helfer, Walter: Die Tränen der Götter, in: Merian, Heft 5, 1996

Lundt, Holger: Im Garten der Nymphen, Düsseldorf/Zürich 2006

Masri, Rania: The Cedars of Lebanon, Boston 1995

Priebe, Carsten: Gold und Weihrauch, Zürich 2002

Rätsch, Christian: Heilkräuter der Antike, München 1995

Sommer, Michael: Die Phönizier, Stuttgart 2005

Sparmann, Anke: Der Zahn der Hatschepsut, in: GEO, Heft 8, 2007

Lucullus
DER GENIESSER UND SEIN BAUM
Kirschbaum

Jeder assoziiert mit seinem Namen einen Genießer und Lebemann. Dabei war ihm das nicht in den Schoß gelegt. Lucius Licinius Lucullus (117–56 v. Chr.) musste sich seinen sagenhaften Reichtum während einer langen militärischen und politischen Laufbahn buchstäblich erkämpfen. Seine ersten Lorbeeren erwarb er unter seinem späteren Förderer General Sulla im Bundesgenossenkrieg, der mit einem endgültigen Sieg Sullas über die abtrünnigen Samniten endete. Als sich in Kleinasien König Mithridates von Pontos (ein Gebiet im Nordosten der heutigen Türkei) gegen Rom erhob und große Teile der römischen Provinz Asia einschließlich Griechenlands eroberte, zog Sulla gemeinsam mit Lucullus in den 1. Mithridatischen Krieg (89–84 v. Chr.) und konnte Mithridates besiegen. Im Frieden von Dardanos musste Mithridates alle eroberten Gebiete wieder an Rom abtreten und seine gesamte Flotte übergeben. Lucullus bekleidete nach diesen Erfolgen in Rom verschiedene Ämter, er wurde zunächst Quästor und Prätor, schließlich Proprätor in Afrika. Im Jahr 74 v. Chr. wurde er Konsul und kommandierte als Feldherr die römischen Truppen im 3. Mithridatischen Krieg. In Kleinasien konnte er 73 v. Chr. ein weiteres Mal über

Mithridates siegen. Durch Intrigen seiner Gegner in Rom und durch eine Truppenrebellion gegen seinen strengen Führungsstil wurde er gezwungen, das Oberkommando abzugeben. Sein Nachfolger Pompeius führte die endgültige Niederlage des Mithridates herbei. Lucullus konnte nach seiner Rückkehr mit den in Kleinasien erworbenen Kriegsschätzen ein Leben in Reichtum und Luxus führen. Berühmt wurde er durch seine in ganz Rom bekannten opulenten Bankette und Gartenfeste, bei denen er den Gästen »lucullische« Genüsse bescherte.

DER GENIESSER UND SEIN BAUM

Nach dem Sieg des Lucullus über Mithridates fand ihm zu Ehren ein Triumphzug durch Rom statt. Dabei wurden, wie Plutarch beschreibt, die immensen Beuteschätze vorgeführt: eine sechs Fuß hohe goldene Statue des Königs, zwanzig Tragegestelle, gefüllt mit silbernen Geräten, zweiunddreißig voll goldener Trinkbecher, acht Maultiere mit goldenen Speisesofas, sechsundfünfzig Maultiere mit Silberbarren, Edelsteinen und zahlreichen anderen Kostbarkeiten. Doch den für die Nachwelt größten Schatz pflanzte sich Lucullus in seinen Garten: die erste Süßkirsche in Europa. Theophrast erwähnte schon lange vor Lucullus eine Pflanze »kerasos«, seiner Beschreibung nach handelte es sich aber nicht um die Süßkirsche. Mit dieser jedes Jahr aufs Neue blühenden und Früchte tragenden »Kriegsbeute« ist Lucullus auch nach zweitausend Jahren immer noch »in aller Munde«. Der Baum stammte aus der in Kleinasien liegenden Stadt Kerasos (»kerasos« ist der griechische Name für

Kirsche). Die »Kirschenstadt« lag an der Südküste des Schwarzen Meeres, in der heutigen Türkei nahe der Stadt Giresun. Lucullus hatte sie im Rahmen seiner Feldzüge erobert. Die Römer waren begeistert von den süßen Kirschen, die obendrein noch deutlich größer waren als die bis dahin bekannten, eher sauren europäischen Wildkirschen. Etwa hundert Jahre später beschreibt Plinius in seiner »Naturgeschichte«: »Kirschkulturen hat es vor dem Sieg des Lucullus über Mithridates nicht gegeben; er hat erstmals den Kirschbaum aus dem Pontos in den Westen gebracht.« In diesen hundert Jahren waren die römischen Obstgärtner offensichtlich sehr fleißig bei der Züchtung neuer Kirschsorten gewesen. Plinius erwähnt die roten »Apronianischen« Kirschen, die schwarzen »Lutatischen« und die runden »Caecilianischen«. Sehr wohlschmeckend sei die »Junianische«, die man allerdings nur »unter dem Baum« genießen könne, da sie den Transport nicht vertrage. Sein absoluter Favorit war, wie könnte es anders sein, die »Plinianische«, die vermutlich in seinem eigenen Garten wuchs.

Später charakterisierte der Schriftsteller Tertullian in seinem »Apologeticum« den »Kirschen-Pionier« Lucullus sarkastisch, was uns heute eher als schmeichelhaft erscheint: Bacchus wurde wegen seiner Verdienste um den Wein zum Gott gemacht, man hätte doch Lucullus als Entdecker des Kirschbaums die gleiche Ehre erweisen sollen.

Plutarch beschreibt zutreffend, mit dem Leben des Lucullus verhalte es sich so wie in einer alten attischen Komödie: Im ersten Teil lese man da von politischen und kriegerischen Staatsaktionen, in der Folge von Trinkerei und Festbanketten. Der Historiker Velleius Paterculus schreibt über Lucullus, er habe, »sonst ein großartiger Mann, als Erster den verschwenderischen Luxus bei Gebäuden, Gastmählern und Hausrat eingeführt«. In der Tat war Lucullus in ganz Rom für seinen luxuriösen Lebensstil und seine opulenten Feste bekannt. Im Mittelpunkt standen dabei Bankette mit den auserlesensten Speisen, wofür die besten Köche Roms engagiert wurden. Zwischen den einzelnen Gängen, die sich über einen Zeitraum von sechs bis acht Stunden hinzogen, fanden künstlerische Darbietungen statt. Dabei legte Lucullus großen Wert auf die Qualität der Zutaten seiner Menüs. Er ließ Volieren bauen, um in großer Zahl Drosseln zu mästen, und baute Fischteiche, aus denen er selbst gezüchtete Fische fing.

Seine bekannteste Villa mit den Lucullischen Gärten (Horti Lucullani) stand auf dem Hügel Pincius oberhalb der heutigen Spanischen Treppe in Rom, wo er etwa 60 v. Chr. erstmals einen großen Garten im Stil der persischen Gartenkunst anlegen ließ. Als Kunstsammler und Bewunderer der griechischen Kultur stellte Lucullus hier eine große Zahl griechischer Skulpturen auf. Heute steht an dieser Stelle die Villa Borghese mit ihrem großen Park im Zentrum Roms.

Lucullus besaß eine weitere Villa in Tusculum, die für ihre offenen, lichtdurchfluteten Räume, die großzügigen Terrassen und die Aussichtsplattformen mit Blick über seinen Landschaftsgarten berühmt war. Wegen der offenen Architektur des Hauses soll Pompeius während eines Besuchs bemerkt haben, dass es wohl gut für den

Sommer, aber nicht für den Winter geeignet sei. Darauf lachte Lucullus nur und antwortete, er habe doch nicht weniger Verstand als ein Zugvogel, der je nach Saison den Wohnort wechsele. Seine Tusculum-Villa enthielt einen Speisesaal, in den Volieren integriert waren, sodass seine Gäste die seltenen Vögel, die sie gerade verspeisten, auch lebend beobachten konnten. In Tusculum ließ Lucullus wohl auch sein »Vivarium« anlegen, ein Gehege für verschiedene Wildtiere. Auch diese Art »Zoologischer Garten«, eine zuerst in Persien entstandene Gartenattraktion, hatte er in Kleinasien kennen gelernt und als Erster in Italien eingeführt.

Mit seiner dritten Villa im luxuriösen Badeort Baiae beim heutigen Neapel realisierte Lucullus auf spektakulärste Weise seine neuen architektonischen Ideen. Teile des Hauses ragten auf säulengetragenen Plattformen ins Meer hinaus. Daneben ließ er Kanäle in den Fels schlagen, sodass künstliche Grotten und Teiche mit Meerwasser versorgt wurden. In diesen »piscinae« genannten Aquarien hielt er viele Meeresfische, die seine Besucher bewundern konnten, bevor sie im Kochtopf landeten. Einige seiner Lieblingsfische hielt er wie Haustiere und gab ihnen Namen.

Auch wenn manche Zeitgenossen ihn für einen dekadenten Protzer hielten, Lucullus war ein sehr kultivierter Mensch, der fließend Griechisch sprach, die Literatur und die schönen Künste förderte, als Erster die Einrichtung öffentlicher Bibliotheken forderte und sich besonders um die Gartenkunst und nicht zuletzt die Kirsche große Verdienste erwarb.

Sehr wahrscheinlich exportierten die Römer den von ihnen so hoch geschätzten Kirschbaum, genau wie die Weinstöcke, in ihre Provinzen, wie etwa nach Gallien und auch über die Alpen nach Norden.

Dort überdauerte der beliebte Obstbaum die römische Herrschaft, und Jahrhunderte später empfiehlt Karl der Große in seiner Landgüterverordnung »Capitulare de villis«, von der im nächsten Kapitel ausführlich die Rede sein wird, seinen Anbau.

Und nochmals etwa neunhundert Jahre später entpuppte sich ein weiterer großer Feldherr als »Kirschennarr«, nämlich Friedrich der Große (1712–1786) in Preußen. Schon als Kronprinz war Friedrich II. begeistert vom Anbau besonderer Obstsorten, wobei Kirschen seine Lieblingsfrüchte waren. Er ließ zunächst in Rheinsberg und Ruppin Obstplantagen anlegen. Als 25-Jähriger schrieb er am 22. Juni 1737 an einen Vertrauten: »Ich reise am 25. nach Amalthea (Name der Ziege, die Zeus nährte), meinem lieben Garten in Ruppin, und brenne vor Ungeduld, meinen Weinberg, meine Kirschen und Melonen wiederzusehen …« Friedrich liebte Kirschen so sehr, dass er für seine Gärtner große Treibhäuser bauen ließ, damit ihnen auch zu ganz ungewöhnlichen Zeiten, wie etwa im Februar, das Treiben der Früchte gelingen konnte. Seine Begierde ging dabei so weit, dass er seinen Gärtnern, wenn es ihnen glückte, im Dezember oder Januar frische Kirschen zu bringen, pro Stück(!) zwei Taler zahlte. Im vollen Bewusstsein seiner Dekadenz schrieb er an seinen Schatzmeister Fredersdorf: »Du wirst schmähen, daß gestern vohr 180 Taler

Kirschen gegessen worden, ich werde mich eine liederliche reputation machen.«

Ab 1740 ließ Friedrich überall in seinen Gärten Kirschbäume anpflanzen, er kannte bereits fünfunddreißig Sorten. Auch auf den berühmten sechs Terrassen in seinem Schlosspark von Sanssouci in Potsdam standen neben den eingehausten Nischen für Feigen auch Weinstöcke und Kirsch-, Pfirsich- und Aprikosenbäume, die an Spalieren gezogen wurden. In anderen Teilen seines schönen Parks ließ er bis 1748 insgesamt fünf Kirschquartiere anlegen und dehnte auch in den folgenden Jahren seine Kirschpflanzungen mit neuen Sorten weiter aus. Die Lieblingskirsche Friedrichs II. war die »Leopoldskirsche«.

Dass Plinius jene Kirsche am meisten schätzte, die seinen eigenen Namen trug, wurde bereits erwähnt. Nehmen wir an, es hätte schon zur Zeit des Lucullus eine Vielzahl von Sorten gegeben, darunter eine »Lucullische«, wäre dies automatisch seine Favoritin gewesen? Wohl kaum, dazu vertraute der große Genießer doch viel zu sehr seinem erlesenen und auslesenden Geschmack.

DIE PFLANZE

Alle Süßkirschensorten stammen von der Vogelkirsche (Prunus avium) ab, die zur Familie der Rosengewächse (Rosaceae) gehört. Weitere Obstbäume der Gattung Prunus sind Pflaume (Prunus domestica), Aprikose (Prunus armeniaca), Kirschpflaume (Prunus cerasifera) und Pfirsich (Prunus persica); der Mandelbaum (Prunus amygdalus) gehört ebenfalls zu dieser Gattung.

Das ursprüngliche Verbreitungsgebiet des bis zu 25 Meter hohen Kirschbaums ist der Kaukasus, Persien, Turkestan und Westsibirien. Der Baum hat sich aber inzwischen über ganz Europa verbreitet. Seine charakteristischen Merkmale sind gestielte, drüsige, allgemein hängende Blätter mit stark gesägtem Blattrand, die bei einer Länge von 6–12 cm wechselständig angeordnet sind. Im April und Mai erscheinen doldenförmige Büschel mit weißen Blüten an 3–5 cm langen Stielen. Die gereiften Kirschen besitzen als Steinfrüchte gelbrotes, rotes oder schwarzes Fruchtfleisch und einen meist einsamigen Steinkern.

Die ebenfalls als Obst geschätzte Sauerkirsche (Prunus cerasus) ist eine eigene Art, die ursprünglich in Gegenden um das Kaspische Meer, Nordindien und Kurdistan beheimatet war. Diese Bäume sind im Vergleich zur Vogelkirsche deutlich kleiner im Wuchs, besitzen härtere und gespreizte Blätter, deren Stielen die Drüsen fehlen.

Kirschen erfreuen sich schon seit Jahrhunderten als Obst großer Beliebtheit. Wegen ihrer geringen Haltbarkeit konnten sie aber erst mit dem Aufkommen der Eisenbahnen über größere Distanzen vermarktet werden. Neben dem Frischverzehr werden sie auch zu Weinen und Obstbränden verarbeitet.

Im Volksmund sind Kirschen ein Symbol für weibliche Schönheit und heitere Erotik. Kirschzweige dienen auch als Liebesorakel: Heiratsfähige Mädchen schneiden die Zweige am Barbaratag, dem 4. Dezember, und hängen die Namen der Auserwählten daran. Wessen Zweig zuerst erblüht, der wird im nächsten Jahr der Bräutigam.

Ein altes Sprichtwort lautet: »Träume von roten Kirschen bedeuten Glück.«

QUELLEN

Heilmeyer, Marina/Schurig, Gerd/Seiler, Michael/Wimmer, Clemens Alexander: Kirschen für den König, Potsdam 2008
Keaveney, Arthur: Lucullus: A Life, London 1992
Meurers-Balke, Jutta/Strank, Karl Josef (Hrsg.): Obst, Gemüse und Kräuter Karls des Großen, Mainz 2008

Beuchert, Marianne: Symbolik der Pflanzen, Frankfurt a. M. 1995
Godet, Jean-Denis: Bäume und Sträucher, Melsungen 1987
Lexikon-Institut Bertelsmann: Das große illustrierte Pflanzenbuch, Gütersloh 1966
Plinius Secundus d. Ältere: Naturkunde, lateinisch-deutsch, hrsg. und übers. von Roderich König in Zusammenarbeit mit Gerhard Winkler, München 1981, Buch 15, 102–103
Weeber, Karl-Wilhelm: Alltag im alten Rom. Das Landleben, Düsseldorf 2000
Weeber, Karl-Wilhelm: Luxus im alten Rom, Darmstadt 2003

Karl der Große
DER PFEIL DES KAISERS
Silberdistel, Birnbaum und Wein

Im Jahre 768 n. Chr. wurde Karl der Große (747/748 bis 814 n. Chr.) als Sohn von Pippin III. zusammen mit seinem Bruder Karlmann König der Franken. Nach dem Tod seines Bruders fiel ihm 771 die Alleinherrschaft zu. Im Jahr danach begann sein Krieg gegen die Sachsen, der erst 804, d. h. mehr als dreißig Jahre später, mit der völligen Unterwerfung und Angliederung an das Frankenreich endete. Karl dehnte sein Reich auch nach Süden hin aus bis zum Oberlauf des Ebro, wo er die spanische Mark als Grenzregion zu den Mauren einrichtete. Nach Osten hin zerstörte er das Reich der Awaren und schuf die Ostmark. Im Jahr 800 wurde Karl der Große von Papst Leo III. zum römischen Kaiser gekrönt. Daraufhin schickte der Patriarch von Jerusalem Karl die Schlüssel des Heiligen Grabes, womit er symbolisch dessen Schutzherrschaft über die Christenheit anerkannte. Das Fränkische Reich trat somit die Nachfolge des römischen Kaiserreichs an, und aufgrund seiner Legitimation durch die Kirche durfte es sich »sanctus« (heilig) nennen.

Karl regierte sein großes europäisches Reich sozusagen vom Sattel aus. Bei seinen regelmäßigen Inspektionsreisen legte er erstaunliche Strecken zurück – von der

Nordsee bis nach Spanien und Italien, und vom Atlantik bis nach Ungarn. Er soll im Laufe seines Lebens zu Pferd eine Wegstrecke zurückgelegt haben, die der dreifachen Erdumrundung gleichkommt. Die festen Stützpunkte auf diesen Reisen waren seine Klöster, Hofgüter und Pfalzen. Seine bevorzugten Pfalzen für längere Aufenthalte, besonders im Winter, waren Aachen, Ingelheim und Nimwegen.

Karl hat ein umfangreiches gesetzgeberisches Werk hinterlassen, sein »Capitulare de villis«. Diese Kapitularien sind, wie der Name sagt, in Kapitel gegliederte Erlasse und Verordnungen von juristischem, administrativem oder religiösem Charakter. Sie etablierten nicht nur eine Rechtsordnung, sondern dokumentieren auch viele Details des Alltagslebens dieser Epoche und zählen so zu den wichtigsten Quellen über das Leben im frühen Mittelalter.

DER PFEIL DES KAISERS

In Kapitel 70 der Kapitularien ist eine Pflanzenliste mit den dreiundsiebzig Kräutern, Stauden, Obst- und Fruchtgehölzen enthalten, die auf jedem kaiserlichen Hofgut und in jedem Kloster verfügbar sein sollten. Vermutlich haben Mönche als Berater des Kaisers Kapitel 70 verfasst. Es gibt einen umfassenden Überblick über die Nutz- und Heilpflanzen dieser Zeit, wobei die Heilkräuter dominieren.

Viele Legenden ranken sich um das Leben Karls des Großen, so auch jene, die ihn als Entdecker einer Heilpflanze schildert: Während eines Krieges wurde das Heer des Kaisers von einer Pest-Epidemie bedroht. Karl betete zu Gott und bat um Schutz gegen die Seuche. Daraufhin erschien ihm in der Nacht ein Engel, der ihm befahl, nach dem Wachwerden einen Pfeil abzuschießen. Dort, wo er stecken bliebe, werde er ein Mittel gegen die Pest finden. Am nächsten Morgen tat Karl, wie ihn der Engel geheißen hatte. Sein Pfeil traf direkt ins Zentrum der großen Blüte einer Silberdistel (Carlina acaulis), die auf diese Weise als Heilmittel erkannt wurde und Karls Truppen vor der Pest rettete. Ihr lateinischer Name nimmt Bezug auf diese Legende.

In einer weiteren Sage wird Karl mit dem Birnbaum (Pyrus communis) in Verbindung gebracht: Der Kaiser und seine Ritter schlafen seit Jahrhunderten im Untersberg bei Salzburg. Karls Bart ist in der Zeit so lang geworden, dass er sich mehrmals um den Tisch gewickelt hat, an dem er sitzt. Seine Diener sind Zwerge, die Untersbergmännchen. Wenn Deutschland größte Not und ein Krieg droht, gibt der Kaiser Lebenszeichen von sich. Dann erscheinen die Zwerge in Rüstung und Waffen, statt in ihrer üblichen friedlichen Tracht mit Kapuze. Schließlich wird sich der Berg öffnen, und Karl samt seinen Kämpfern reitet heraus, um auf dem Walserfeld bei Salzburg eine große und schreckliche Schlacht zu schlagen. Der Kaiser und seine treuen Ritter werden nach erbittertem Kampf siegen, und Karl wird auf einem Schimmel mit der Siegesfahne davonreiten. Sein Wappenschild wird er an einen verdorrten Birnbaum hängen, der daraufhin erneut austreiben und üppig blühen wird.

In dieser Sage vermischt sich christliche und germanische Mythologie. Das Austreiben eines verdorrten Baumes symbolisiert den Sieg in der letzten Schlacht gegen den Antichrist. Der Birnbaum, der den Germanen heilig war, wird zum Weltenbaum – wie die Esche Yggdrasil in der nordischen Mythologie. Bei der Christianisierung Germaniens ereilte freilich viele große Birnbäume das gleiche Schicksal wie die alten Eichen: Sie wurden von Missionaren gefällt, um symbolisch die alten Götter zu besiegen.

Karl der Große forderte in den Kapitularien auch den Anbau von Wein und machte sich so um die Weinkultur in Deutschland verdient. Zwar hatten bereits die Römer den Wein (Vitis vinifera) nördlich der Alpen eingeführt, aber nach dem Zerfall des Römischen Reichs und durch die Wirren der Völkerwanderung kam der Anbau in diesen Breiten weitgehend zum Erliegen.

Karl, der Wein in seinen südlicheren Reichsgebieten schätzen gelernt hatte, verbrachte einen Winter in seiner Pfalz in Ingelheim. Einer weiteren Legende zufolge soll ihm dabei im Frühling aufgefallen sein, dass auf der gegenüberliegenden Seite des Rheins an einem besonderen, nach Süden gelegenen Hang, nämlich dem Johannisberg, der Schnee deutlich früher schmolz als an anderen Stellen. Er befahl seinen Mönchen, dort einen Weinberg anzulegen. Der Johannisberg ist einer der ältesten urkundlich erwähnten Weinberge Deutschlands und zählt noch heute zu den Spitzenlagen entlang des Rheins. Bei der von Kaiser Karl aus Frankreich eingeführten Rebsorte soll es sich um die Orleans-Traube gehandelt haben, eine sehr alte weiße Rebsorte. In den Urkunden von Schloss Johannisberg wird erwähnt, dass noch 1857 dort Orleans-Wein zur Versteigerung kam.

In anderen Überlieferungen ist davon die Rede, dass die ersten Orleans-Reben in Rüdesheim gepflanzt wurden. Weitere Anbaugebiete waren der berühmte Steinberger im Rheingau, der Scharlachberg bei Bingen und Forst in der Pfalz. Die genaue Herkunft der Orleans-Rebe bleibt unklar. Nach Hugh Johnson (Geschichte des Weins) könnte Karl der Große auf Vorläufer des Ruländer bzw. Pinot Gris zurückgegriffen haben, die man im damaligen Gebiet der Île de France, zu der am Rande auch die Stadt Orleans zählte, anbaute.

Im Jahr 1838 unternahm der französische Schriftsteller Alexandre Dumas eine Reise an den Rhein, er beschreibt die Legende auf folgende Weise: »In Ingelheim stand einst eine Pfalz Karls des Großen. Der betagte Kaiser schätzte alles, was es an Gutem in Frankreich gab. So hatte er auch an einem sehr guten Wein von Orleans Geschmack gefunden. Er ließ sich von dort die Reben kommen, die er selbst setzte. Das, was Sie heute trinken, stammt von den Abkömmlingen jener Reben, die Karl der Große selbst eingepflanzt hat.« Allerdings bringt Dumas diesen Wein, vielleicht seiner eigenen Präferenz folgend, mit einem rubinfarbenen Rotwein aus Ingelheim in Verbindung.

In der zweiten Hälfte des 19. Jahrhunderts geriet die Orleans-Rebe immer mehr in Vergessenheit und wurde vom Riesling verdrängt, da sie wegen ihrer späten Reife nur in sehr guten Jahrgängen Weine von ansprechender

Qualität hervorbringt. Aus verwilderten Weinstöcken gelang kürzlich eine Neuzüchtung der Orleans-Rebe, und im Jahr 2002 kam dieser Wein in Rüdesheim erstmals wieder auf den Markt. Karl der Große würde sich sicher im Untersberg über eine Flasche des 2002er-Jahrgangs freuen.

Erstaunlich ist, wie detailliert Karl der Große in den Kapitularien auch die Verarbeitung der verschiedenen landwirtschaftlichen Produkte regeln ließ und sogar detaillierte Hygienevorschriften für Schlachtkeller, Bäckereien und Mostkeller definierte. Neben dem Schnitt der Reben gab er beispielsweise in Kapitel 48 für das Keltern der bei der Weinlese geernteten Trauben folgende Anweisungen: »Besonders achte der Amtmann darauf, dass sich keiner unterstehe, unsere Traubenernten mit den Füßen auszustampfen, sondern dass alles reinlich und ehrbar geschehe.« Aber warum wurde das Zerstampfen der Trauben mit den Füßen, wie es bei den Römern jahrhundertelang beim Keltern üblich war, verboten, und was war mit »unehrenhaftem« Verhalten gemeint? Hatte etwa ein Landarbeiter, erbost über eine ungerechte Behandlung oder weil er ein dringendes Bedürfnis hatte, beim Fußstampfen für eine sehr unerwünschte Geschmacksnote des Weins gesorgt?

Viele der Regelungen in den damals beinahe europaweit geltenden Kapitularien – sozusagen »mittelalterliche EG-Vorschriften« – wirken heute durchaus modern und weitsichtig. So forderte Karl der Große eine nachhaltige Forstwirtschaft, bei der der Baumeinschlag auf bestimmte Lagen und Mengen beschränkt wird, damit der Wald nachwachsen könne. Derartige Gesetze sind selbst heute, 1200 Jahre später, in weiten Teilen der Erde noch nicht Standard geworden. So wundert es nicht, dass die Weisheit Karls des Großen auch heute noch in Aachen bei manchen Gelegenheiten durch das Singen der Hymne »Urbs aquensis, urbs regalis« gepriesen wird:

> »Hic est magnus imperator
> boni fructus bonus sator
> et prudens agricola.«

In einer romantischen Übersetzung aus dem 19. Jahrhundert heißt dies:

> »Wohl zog nie ein Landmann weiser
> Gute Frucht wie dieser Kaiser
> Aus dem Acker wüst und wild.«

DIE PFLANZEN

Die Gattung Birne (Pyrus) gehört zur Familie der Rosengewächse (Rosaceae). Man nimmt an, dass die Kulturbirne (Pyrus communis) ursprünglich aus Kleinasien, Persien und Armenien stammt und in der Antike nach Griechenland und von dort später ins restliche Europa gelangte. Wilde Birnbäume (Pyrus achras) gehörten schon immer zur Flora Europas.

Im Vergleich zum Apfelbaum hat der Birnbaum eine schlankere Krone und wird deutlich höher (bis zu 20 Meter). Sein Stamm ist stark zerfurcht und runzelig, an den glatten Zweigen befinden sich rundliche bis eiförmige, glänzende Blätter, die regelmäßig gezähnt sind. Die in Doldentrauben angeordneten Blüten sind weiß mit dunkelroten Staubbeuteln. Die Frucht ist charakteristisch »birnenförmig«, es fehlt ihr im Gegensatz zum Apfel die Vertiefung am Stielansatz. Ihre Farbe schwankt je nach Sorte zwischen grün, gelb und rötlich. Der Geschmack ist, wiederum sortenabhängig, aromatisch-süß, mit einem deutlich höheren Zuckergehalt als beim Apfel.

Im antiken Griechenland berichtet Theophrast von drei Birnensorten, Dioskurides erwähnt die Herstellung von Birnenwein. Von den Römern wurde eine Reihe neuer Birnensorten gezüchtet, Plinius erwähnt vierzig verschiedene. Karl der Große, ein Liebhaber von Obstbäumen, verlangt in seinen Kapitularien auch den Anbau verschiedener Birnbäume (»piraios diversi generis«).

Die Silberdistel (Carlina acaulis) gehört zur Familie der Korbblütler (Compositae). Ihr Verbreitungsgebiet reicht von Mitteleuropa, dem Mittelmeerraum bis nach Asien. In Europa kommt sie an trockenen Standorten des Mittel- und Hochgebirges vor, typischerweise auf steinigen Weiden und Halbtrockenrasen mit kalkhaltigen Böden.

Die Blätter dieser an kurzen Stängeln nur niedrig am Boden wachsenden Distel sind tief gefiedert gespalten, mit stechenden Zipfeln und Behaarung an der Unterseite. Auffallend sind die bis zu 10 cm großen, weißen oder bräunlich-weißen Röhrenblüten.

Die Silberdistel ist eine geschätzte Heilpflanze, deren

Birne

Wurzeln ätherische Öle, insbesondere das antibakteriell wirkende Carlinaoxyd enthalten. In der Volksmedizin wurde sie daher früher oft bei grippalen Infekten, aber auch zur Wundbehandlung verwendet. Bei der sogenannten Spanischen Grippe im Jahr 1918 soll sie in Frankreich erfolgreich eingesetzt worden sein.

Die Blütenböden der Distel wurden früher in den Alpen von Almhirten wie Artischocken gegessen und hießen deshalb »Jägerbrot«. Die Blüte ist ein natürliches Hygrometer, das die Luftfeuchtigkeit anzeigt. Nur bei sehr trockenem Wetter ist die Blüte weit geöffnet, sonst je nach Luftfeuchtigkeit eher geschlossen.

Die Europäische Weinrebe (Vitis vinifera) gehört zur Familie der Vitaceae (Weinrebengewächse). Das ursprüngliche Verbreitungsgebiet der Weinrebe waren vermutlich die Südränder des Schwarzen und des Kaspischen Meeres. Die rankende Pflanze, die sich ohne Kletterhilfe nicht selbst halten kann, hat einen Stamm, der Baumstärke erreichen kann. Von ihm gehen gewundene, holzige Äste aus, die Reben. An ihnen wachsen herzförmige, grob gezähnte Blätter, die fünffach gelappt sind. Aus den Blattachseln an den Reben wachsen im Laufe eines Sommers Zweige, die sogenannten »Geizen«. Den Blättern gegenüber stehen Ranken, die sich schraubenförmig winden. Im Wechsel folgen Blätter und Ranken bis zur Zweigspitze, wo im Frühling kleine gelblich-grüne Blüten wachsen. Diese haben einen kurzen Kelch mit fünf Kronblättern und Staubblättern. Die nektarreichen Blüten verströmen einen leicht säuerlichen Duft, der Insekten zur Bestäubung anlockt. Im

Herbst sind dort die Trauben zu finden, die je nach Sorte gelb bis grün oder rötlich bis blau sein können. Der Traubensaft, vergoren zu Wein, verleiht dieser Pflanze eine herausragende kulturelle Bedeutung. In Griechenland, Italien und Ägypten lässt sich der Weinanbau vier bis fünf Jahrtausende zurückverfolgen. Heute gibt es mehr als zweitausend Rebsorten und Weinbaugebiete auf allen Kontinenten.

Neben der Bedeutung für die Herstellung von Wein werden auch frische Trauben vermarktet, in getrockneter Form werden die Beeren als Rosinen verkauft, spezielle kernlose helle Rosinen heißen »Sultaninen« und aus kleineren roten Beeren gewonnene »Korinthen«.

QUELLEN

Becher, Mathias: Karl der Große, München 2000

Grimm, Jacob: Deutsche Mythologie, Bd. II, Nachdruck Graz 1953

Hägermann, Dieter: Karl der Große, Reinbek 2003

Lexikon des Mittelalters, Band 5, Stuttgart/Weimar 1999

Strank, Karl Josef/Schultheis, Karl: Die Landgüterverordnung Karls des Großen, in: Meurers-Balke, Jutta/Strank/Karl Josef (Hrsg.): Obst, Gemüse und Kräuter Karls des Großen, Mainz 2008

Zillner, Franz Valentin: Salzburger Sagen, in: Mitteilungen der Gesellschaft für Salzburger Landeskunde, Bd. II, Salzburg 1862

Beuchert, Marianne: Symbolik der Pflanzen, Frankfurt a. M. 1995

Franke, Wolfgang: Nutzpflanzenkunde, Stuttgart 1997

Godet, Jean-Denis: Bäume und Sträucher, Melsungen 1987

Johnson, Hugh: Hugh Johnsons Weingeschichte, München 2005

Lehane, Brendan: Macht und Geheimnis der Pflanzen, München 1978

Lexikon-Institut Bertelsmann: Das große illustrierte Pflanzenbuch, Gütersloh 1966

Scherf, Gertrud: Pflanzengeheimnisse aus alten Zeiten, München
2004

Scheuermann, Mario: Der erste Orleans nach 80 Jahren aus
Rüdesheim, in: Weinreporter Magazin, Juni 2003

Sprengel, Kurt: Theophrasts Naturgeschichte der Gewächse,
Altona 1822

Staab, Josef: Schloss Johannisberg, Mainz 2001

Busbecq und Suleiman der Prächtige
EIN DIPLOMAT FÜR EINE NEUE BLÜTEZEIT
IN EUROPA
Tulpe, Flieder und Rosskastanie

Der Kampf der Kulturen – Islam und Christentum – eskalierte bis zum Krieg, und ein Diplomat versuchte selbst unter großen Gefahren den Frieden herbeizuführen: Ogier Ghiselin de Busbecq (1522–1592). Seine durch Offenheit für fremde Kulturen geprägte Diplomatie wirkt im 21. Jahrhundert aktueller denn je.

Busbecq wurde 1522 als unehelicher Sohn eines flämischen Ritters und seiner Magd in Comines bei Lille geboren. Der überaus wissbegierige Junge wurde schon im Alter von dreizehn Jahren auf die Universität Louvain geschickt. Es folgten Aufenthalte an den Universitäten Paris, Venedig, Bologna und Padua. Er erlernte die wichtigsten europäischen Sprachen, von denen er sieben fließend beherrschte. Nach Abschluss des Studiums erreichte Busbecqs Vater beim deutschen Kaiser Karl V., einem Habsburger, dass Ogier als sein Sohn legitimiert wurde. Und nun begann die Karriere des jungen Mannes als Diplomat im Dienste der Habsburger. Schließlich vertraute Ferdinand I. – ebenfalls ein Habsburger, der das Gebiet des heutigen Österreich, Böhmen und Ungarn beherrschte – dem gerade einmal 32-Jährigen eine delikate Mission an. Die Beziehungen zwischen Österreich und dem Osmanischen Reich unter der Herrschaft von Suleiman dem Prächtigen hatten sich 1554 zunehmend verschlechtert. Es war zu erneuten kriegerischen Auseinandersetzungen gekommen. Busbecq sollte als neuer Gesandter nach Konstantinopel reisen und einen Waffenstillstand aushandeln. Als erstes Ergebnis seiner geschickt geführten Verhandlungen mit Sultan Suleiman kam es zu einem auf sechs Monate begrenzten Waffenstillstand. Ein Jahr später reiste er wieder in die Türkei und blieb nun dauerhaft bis 1562. Durch sein großes Verhandlungsgeschick und seine vertrauensvolle Beziehung zu Sultan Suleiman gelang es ihm, einen acht Jahre anhaltenden Frieden auszuhandeln.

Nach seiner Rückkehr wird Busbecq als Lehrer der Enkel Kaiser Ferdinands angestellt. 1570 begleitet er die Erzherzogin Elisabeth nach Paris, wo sie sich mit Karl IX. vermählt. Nach dessen Tod im Jahr 1574 verwaltet er jene Gebiete in Frankreich, die die Habsburger als Mitgift erhalten hatten. Nach dem Tod der Elisabeth begibt sich Busbecq 1592 nach Flandern. Auf dem Weg dorthin wird er überfallen und stirbt wenig später an den Folgen.

SULEIMAN DER PRÄCHTIGE

Unter Suleiman dem Prächtigen (1494–1566) stieg das Osmanische Reich zur Weltmacht auf. Sein Herrschaftsgebiet erstreckte sich vom Balkan (bis kurz vor Wien) über die heutige Türkei bis nach Mesopotamien, Ägypten und Teile der arabischen Halbinsel einschließlich der heiligen Stätten von Mekka und Medina. Seine Flotte unter dem Korsaren Khair al-Din – in Europa Barbarossa genannt – beherrschte das gesamte östliche Mittelmeer und nach Kämpfen gegen die Spanier auch die Küste Nordafrikas.

Nach der Machtübernahme durch seinen Vater im Jahre 1520 führte Suleiman mehrere Kriege auf dem Balkan, eroberte Ungarn und drang 1529 bis nach Wien vor, dessen Belagerung aber scheiterte. Danach wandte er sich dem Osten zu und eroberte Teile Persiens einschließlich der damaligen Hauptstadt Tabriz. Rhodos, der Hauptstützpunkt der Kreuzritter vom Johanniterorden, wurde von den Osmanen belagert und erobert; den sich ergebenden Kreuzrittern gewährte Suleiman einen ehrenvollen Abzug. In Europa schloss der Sultanssohn ein Bündnis mit dem französischen König Franz I. gegen den deutschen Kaiser Karl V. Im Inneren ordnete Suleiman die Verwaltung seines Landes neu, was ihm den Beinamen »Kanuni« (Gesetzgeber) einbrachte. Überdies förderte er großzügig die Wissenschaften und die Kunst.

EIN DIPLOMAT FÜR EINE NEUE BLÜTEZEIT IN EUROPA

Wie aus seinen als Briefe (»Epistolae«) verfassten Reiseberichten hervorgeht, interessierte sich Busbecq nicht nur für die politische Situation, sondern auch für Sitten und Bräuche sowie das Alltagsleben im Osmanischen Reich. Dank seiner unvoreingenommenen Beobachtungen entstand erstmals in dieser Zeit ein neutrales Bild von der muslimischen Kultur – ohne die sonst vorherrschenden religiösen und politischen Vorurteile.

Elisabeth I.
DIE KÖNIGIN IM SÜSSEN DUFT DER WIESEN
Mähdesüß, Hennastrauch und Eibe

Aus der zweiten Ehe Heinrichs VIII. mit Anna Boleyn ging eine Tochter namens Elisabeth (1533–1603) hervor. Heinrich hatte einen männlichen Thronfolger erwartet und war enttäuscht. Als Annas zweite Schwangerschaft zu einer Totgeburt führte, ließ er sie als Hexe anklagen und kurzerhand köpfen. Obwohl Elisabeth also unerwünscht war, erhielt sie eine vorzügliche Erziehung. Unter der Obhut von Heinrichs sechster Frau Catherine Parr wurde sie aus allen höfischen Intrigen herausgehalten. Nach dem Tod Heinrichs stand sie in der Thronfolge an dritter Stelle. Das Ableben ihrer Vorgänger, Eduard VI. und Maria I., ermöglichte es ihr, 1558 den Thron zu besteigen.

Innenpolitisch entschärfte Elisabeth die konfessionellen Konflikte und erklärte die angelikanische Church of England zur Staatskirche. Außenpolitisch beendete sie in geschickter Weise den unheilvollen Krieg gegen Frankreich. Die erfolgreiche Überwindung dieser Konflikte ebnete den Weg für Englands wirtschaftlichen Aufschwung. Elisabeth begann Regierung, Handel und Gewerbe in geordnete Bahnen zu lenken. Handelsschiffe standen unter dem Schutz der englischen Flotte, die von Elisabeth verstärkt wurde, und Englands Stellung als

Seemacht wuchs. Bekannte Seehelden, wie etwa der berühmte Freibeuter Sir Francis Drake, wurden von Elisabeth gefördert.

Ein über Jahre ungelöstes Problem war der Konflikt mit ihrer Rivalin, der katholischen Cousine Maria Stuart, Königin von Schottland. Nach der Niederlage gegen ihren Halbbruder James Stuart hatte diese 1568 Zuflucht in England gesucht und wurde von Elisabeth in Haft genommen. Nach Aufdeckung einer Verschwörung gegen Elisabeth wurde sie 1587 enthauptet, was schwerwiegende Konsequenzen hatte. Der katholische König Spaniens, Philipp II., nahm dies zum Anlass, England den Krieg zu erklären. Die von ihm entsandte spanische Armada wurde von der englischen Flotte vernichtend geschlagen, was Englands Rang als Großmacht stärkte.

Unter Elisabeths Herrschaft erlebte England auch eine kulturelle Blüte. Musik, Tanz und Theater wurden von Elisabeth begeistert gefördert. Was wäre aus Shakespeare ohne das Wohlwollen seiner Königin geworden?

DIE KÖNIGIN IM SÜSSEN DUFT DER WIESEN

Die Herrscherin über England war auch ein eitler und kapriziöser Sinnenmensch. Täglich umhüllte sie sich und sogar ihre Haustiere mit Düften. Besonders liebte sie Ambra, ein Sekret des Pottwals, und getränkte Nelken; stets trug sie parfümierte Umhänge. In ihrem Mieder soll sie einen in Zimt getauchten und mit Nelken gespickten Apfel getragen haben, nicht nur aus Eitelkeit, sondern auch, um Krankheitserreger abzuwehren und die Pest fernzuhalten. Zu diesem Zweck schenkte der

Leibarzt seiner Königin einen »Pomander«, eine durchlöcherte, hohle Goldkugel, die mit einem Gemisch aus Lavendel und Ambra gefüllt war. Eugène Rimmel beschreibt in seinem »Book of Perfums«, dass sie eine Reihe aufgezogener kleiner Pomander auch als Kette trug (»a faire gyrdle of pomander«). Der Name »Pomander« leitet sich vom französischen »pomme d'ambre«, also »Ambra-Apfel« her. Man sagte dem Pomander auch nach, dass er eine aphrodisierende Wirkung auf die unverheiratete Königin gehabt hätte. So gewappnet, holte sie bei ihren Rundreisen durch England so manchen jungen Edelmann in ihr Schlafgemach. Auch von ihren Höflingen verlangte Elisabeth streng, dass sie sich parfümierten.

Der schon im Mittelalter gepflegte Brauch, duftende Einstreukräuter in den Wohnräumen zu verwenden, wurde an ihrem Hof besonders gepflegt. Dazu wurden Duftpflanzen, wie etwa Majoran oder Rosmarin, in großen Mengen auf den Fußböden verteilt. Durch das Zertreten der Blätter, Blüten und Stiele wurden ätherische Öle und andere für die Pflanzen charakteristische Duftstoffe freigesetzt. Man glaubte, dass diese Düfte das Wohlbefinden und Glück der Bewohner förderten. Eine besondere Zofe, die »Strewing Herb Mistress«, sorgte dafür, dass zu jeder Jahreszeit für diesen Zweck geeignete frische oder getrocknete Pflanzen in ausreichender Menge bereitstanden und verteilt wurden. Neben den Einstreukräutern wurden auch Duftgirlanden und Trockensträuße, die man »Tussie Mussie« nannte, aufgehängt oder am Körper getragen. Für Girlanden verwendete man bevorzugt Rosmarin. Der englische Botaniker John Gerard schrieb 1597 in seinem Werk »Gerard's Herbal« dazu: »If a garland thereof be put about the head, it comforteth the brain, the inward senses and comforteth the heart and maketh it merry.«

Elisabeths liebstes Einstreukraut war das erfrischend süß-fruchtig nach Mandel duftende Mähdesüß (Filipendula ulmaria, engl.: meadowsweet). In seinem berühmten Werk »Theatrum Botanicum« schrieb John Parkinson 1640 dazu: »Queen Elizabeth of famous memorie did more desire meadowsweet then any other sweete herbe to strewe her chambers withall.«

Auch Gerard lobte bereits Jahre zuvor diese Pflanze: »The leaves and floures of meadowsweet farre excele all other strowing herbs for to decke up houses, to strawe in chambers, halls and banqueting houses in the summertime, for the smell thereof makes the heart merrie and joyful and delighteth the senses.« Gerade bei Hochzeiten wurde der Boden der Kirche mit Mähdesüß bestreut. Das Brautpaar und die Hochzeitsgesellschaft betraten den Kräuterteppich, und der frische süße Duft breitete sich in der Kirche aus. Mähdesüß hieß daher in England nicht nur »meadowsweet«, sondern auch »bridewort«.

Die intensive Verwendung von Duftpflanzen im Elisabethanischen Zeitalter und zuvor im Mittelalter hatte natürlich auch einen ganz profanen Grund: Es stank! »Es stanken die Straßen nach Mist, es stanken die Hinterhöfe nach Urin. Es stanken die Treppenhäuser nach fauligem Holz und Rattendreck, die Küchen nach verdorbenem Kohl und Hammelfett, die ungelüfteten Stuben stanken nach muffigem Staub, die Schlafzimmer nach fettigen Laken …« So beschreibt Patrick Süskind in seinem Roman »Das Parfüm« die Großstadtatmosphäre jener Zeit. Hinzu kam die unzureichende Körperhygiene vieler Menschen. John Truemann hat die Kulturgeschichte des Körpergeruchs in seinem Buch »The Romantic Story of Scent« knapp und zutreffend beschrieben: »Die Männer der Antike waren reinlich und parfümiert. Die Männer im Europa des frühen Mittelalters waren unsauber und unparfümiert. Die des späten Mittelalters und der Zeit bis zum 17. Jahrhundert waren unsauber und parfümiert.« Mähdesüß und andere Duftkräuter und Parfüms sorgten für eine Geruchsbarriere zum Schutz empfindlicher Nasen.

In den meisten Häusern, insbesondere in den Haushalten der weniger wohlhabenden Bauern, gab es im Mittelalter nur gestampften Lehm oder grobe Steine als Fußboden. Als Schutz vor Kälte und Nässe wurden als bodenbedeckendes Einstreumaterial Stroh und Binsen verwendet. Oben auf diese Lage streute man, falls sie zur Verfügung standen, aromatische Kräuter, die mit ihrem Duft auch Insekten, wie Mücken, Flöhe und Motten, aber auch Mäuse fernhalten sollten, die sich sicherlich in dem mit Essensresten und Haustierkot angereicherten Stroh wohlfühlten. Besonders geschätzt war das Flohkraut (Hedeoma pulegioides). Darüber hinaus sollten die Einstreukräuter auch Krankheiten fernhalten. Aus diesem Grund wurden sie zu Zeiten der Pest in Europa intensiv verwendet. Begehrte Abwehrpflanzen waren neben dem Flohkraut auch Gartenraute (Ruta graveolens), Rainfarn (Tanacetum vulgare) und Eberraute (Artemisia abrotanum). Die Kreuzritter hatten das Wissen über die insektenabweisende Wirkung der Eberraute aus dem Orient mitgebracht, und die Pflanze spielte bei der Pestabwehr eine große Rolle.

Neben dem Wohlgeruch durch Duftkräuter war Elisabeth natürlich auch an ihrer Schönheit gelegen. Leider waren ihr im Alter von dreißig Jahren die rotblonden Haare ausgefallen, und sie musste Perücken tragen. Für die Anfertigung dieser Perücken, von denen sie nicht weniger als tausend besaß, ließ sie in großen Mengen blonde Haare von jungen Frauen aus Skandinavien importieren. Sie bevorzugte besonders feines Blondhaar von Schwedinnen, für das sie hohe Preise zahlte. Ihre Kammerzofen verwendeten Henna, die getrockneten Blätter des Hennastrauchs (Lawsonia inermis), um diese Haare mit dem gewünschten rotblonden Farbton einzufärben, wobei Henna zusätzlich einen glänzenden Schimmer verlieh. Elisabeth liebte diesen Farbton, der ihrer eigenen Haarfarbe zu ihrer Jugendzeit entsprach, sehr. Ihre tausend Perücken, passend zu etwa dreitausend Kleidern und Roben, mussten immer wieder neu eingefärbt werden. Entsprechend hoch war der Verbrauch an Henna, das ihre Schiffe aus dem Orient mitbrachten.

Pflanzen spielten für Elisabeth jedoch nicht nur in der Schönheitspflege und als Sinnenreiz eine Rolle, sondern auch ganz pragmatisch bei ihrer Machtpolitik. Neben der starken Vergrößerung ihrer Kriegsflotte trieb sie auch die Aufrüstung der Armee voran. Obwohl sie dabei die Verwendung der im 16. Jahrhundert immer stärker aufkommenden, aber doch noch sehr schwerfälligen Feuerwaffen förderte, spielte eine andere Waffe dabei eine herausragende Rolle: der englische Langbogen. Seit König Eduard III. (1312–1377) die Franzosen unter Führung von König Philipp VI. am 26. August 1346 in der Schlacht bei Crécy vernichtend geschlagen und Nordfrankreich erobert hatte, waren die Bogenschützen mit ihren 1,80 bis 2 Meter langen Waffen die Elite der englischen Armee. In der Schlacht bei Crécy konnten die Engländer den Franzosen dank der überlegenen Reichweite ihrer Langbögen aus sicherer Entfernung verheerende Verluste zufügen und so trotz ihrer zahlenmäßigen Unterlegenheit klar den Sieg davontragen. Seit dieser Zeit war der Langbogen eine überaus hoch geschätzte Waffe in der englischen Armee. Die Legende von Robin Hood, dem edlen Bogenschützen, trug gleichfalls zum besonderen Ruhm dieser Waffe bei.

Schon seit der Steinzeit war bekannt, dass es zur Herstellung von Bögen einen Werkstoff gibt, der allen anderen überlegen ist, nämlich das Holz der Eibe. Zum einen zeichnet das sehr langsam wachsende Eibenholz die gerade für Bögen so wichtige hohe Biegefestigkeit aus. In dieser Hinsicht kommt ihm Ahorn aber sehr nahe. Etwas anderes macht das Eibenholz jedoch für Bögen so einzigartig: Im Gegensatz zu anderen Hölzern wird es auch nach sehr vielen Biegezyklen dank seiner extrem hohen dynamischen Festigkeit nicht splittrig, eine Eigenschaft, die gerade bei Kriegswaffen mit hoher Schussfrequenz sehr wichtig ist.

Wegen der Bogenproduktion waren in England im

16. Jahrhundert die natürlichen Vorkommen von Eiben beinahe völlig erschöpft. So musste sich Elisabeth für ihre Armee auf dem europäischen Kontinent neue Quellen für dieses strategische Rüstungsgut erschließen. Dabei halfen auf sehr profitable Weise zwei Kaufleute aus Nürnberg, Leonard Stockhamer, ein Sekretär Kaiser Karls V., und Christoph Fürer, ein Kaiserlicher Rat. Beide erwarben schon 1532 auf geschickte Weise von Ferdinand, dem Bruder des Kaisers, das Monopol für den Handel mit Eibenholz. Stockhamer und Fürer plünderten über mehrere Jahrzehnte die Eibenwälder in Süddeutschland und im Ostalpenraum. In den Alpen sammelte man das Holz im Gebiet des Traunsees, von dort verschiffte man es über die Traun zur Donau, dann flussaufwärts nach Regensburg. Von dort gelangte es auf dem Landweg über Nürnberg nach Bamberg, dann auf Main und Rhein nach Rotterdam und von dort nach England. Wie aus den Aufzeichnungen der beiden »Waffenhändler« hervorgeht, verdienten sie trotz der auf dem langen Weg zu zahlenden Zölle und Schmiergelder ganz prächtig. Ihr eingesetztes Kapital konnten sie dank Elisabeths Bereitschaft, hohe Preise zu zahlen, innerhalb von nur zehn Monaten verdoppeln. Nach vorsichtigen Schätzungen lieferten die beiden insgesamt Holz für 600 000 Bögen (wobei unklar ist, ob es sich um Holzrohlinge oder fertige Bögen handelte). Allein 1559 und 1560, die Zeit, als Elisabeth zugunsten der calvinistischen Adelsopposition in Schottland intervenierte, verkauften die beiden Nürnberger England 36 000 Bögen.

Dieser schwunghafte Handel mit dem begehrten Holz führte dazu, dass Eibenwälder im 16. und 17. Jahrhundert in Mitteleuropa fast völlig verschwanden und sich die letzten kleinen Bestände bis heute nicht davon erholt haben. Allen an diesem Raubbau Beteiligten war bewusst, wie langsam Eiben nachwachsen, aber niemand schränkte den Handel im Sinne einer nachhaltigen Bewirtschaftung ein. Während die Ritter im frühen Mittelalter um ihre Burgen Eiben pflanzten, um den wichtigen Rohstoff nachwachsen zu lassen, war später die Gier nach schnellem Gewinn zu mächtig.

DIE PFLANZEN

Mähdesüß (Filipendula ulmaria oder Spirea ulmaria) gehört zur Familie der Rosengewächse (Rosaceae) und ist eine in ganz Europa auf feuchten Wiesen und an den Ufern von Seen und Flüssen häufig vorkommende Pflanze. Die winterfeste Staude erreicht im Sommer eine Höhe von etwa 120 cm. An dem hohlen, gefurchten Stängel sitzen gefiederte Blätter, wobei sich große und sehr kleine Blattpaare abwechseln; sie sind tief gezähnt mit dunkelgrüner Ober- und graugrüner Unterseite. Die Blattoberfläche ist gerunzelt. Die winzigen cremeweißen Blüten sind in Büscheln angeordnet. Sie verströmen einen süßen Mandelduft, der weithin wahrnehmbar ist. Auch in getrocknetem Zustand behalten die Blüten ihre Dufteigenschaft. Die getrockneten Blätter duften eher nach frischem Heu.

Mähdesüß ist eine uralte Heilpflanze. Zusammen mit Eisenkraut (Verbena officinalis) und Wasserminze (Mentha aquatica) zählte sie zu den drei heiligen Pflanzen der keltischen Druiden. Alle Bestandteile der Pflanze können getrocknet als Tee getrunken werden, der bei fiebriger Erkältung, bei rheumatischen Erkrankungen, zur Verdauungsförderung, zur Entgiftung und als Beruhigungsmittel angewendet wird. Der englische Pharmazeut Nicholas Culpepper erwähnte im 17. Jahrhundert die Verwendung von Mähdesüß zur Behandlung von Fieber und Grippe. Die Wirkstoffe sind Salicyl-Verbindungen, die auch in der Rinde der Weide (Salix) enthalten sind und dem synthetischen Wirkstoff des Aspirin (Acetylsalicylsäure) entsprechen. Der Name »Aspirin« wurde daher vom alten lateinischen Namen des Mähdesüß hergeleitet: »A Spirea«.

Der Hennastrauch gehört zur Familie der Weiderichgewächse (Lythraceae). Es handelt sich um einen typischerweise 1 bis 2 Meter hohen, laubabwerfenden Strauch mit steifen, breit ausladenden Zweigen. Vereinzelt wächst er aber als Baum bis zu 8 Meter hoch. An kleineren Ästen befinden sich Kurztriebe mit Stacheln. Seine dünne Rinde ist weiß oder grau-braun gefärbt. Die silbrig-grünen Laubblätter haben eine eiförmig bis elliptische Form und laufen an beiden Enden spitz zu. Sie sitzen gegenständig an kurzen Stielen und sind ledrig, glatt und ganzrandig.

Im Frühjahr und Sommer blüht der Strauch mit nur wenige Millimeter kleinen, in Rispen angeordneten Blüten. Je nach Varietät unterscheiden sich die Farben: weißlich, gelb, rosa und rot. Die nach der Blüte sich bildenden runden Kapselfrüchte sind erbsengroß und haben eine purpurschwarze bis blauschwarze Farbe.

Die ursprüngliche geografische Verbreitung des Hennastrauchs ist nicht bekannt. Er wird jedoch schon

Mähdesüß

seit vielen Jahrhunderten im Nahen Osten und in Nordafrika kultiviert. Heute findet man ihn in weiten Teilen Asiens, Afrikas und in Australien.

Die getrockneten Blätter des Strauchs bezeichnet man als Henna und verwendet sie schon seit der Antike als Mittel zum Färben von Haaren und Haut, wobei man, je nach Anwendung, verschiedene Rot-Töne erzielt. Aus den Blüten des Strauchs wird seit dem Altertum im Orient ein intensives Parfüm gewonnen, bei dem es sich der Legende nach um Mohammeds liebsten Duft handelte.

Arabische Ärzte verwendeten Henna auch als Mittel gegen Hautkrankheiten, Lepra, Pocken, Windpocken, Abszesse und Tumore. Darüber hinaus spielte Henna im Volksglauben auch als Mittel gegen den »bösen Blick« eine Rolle.

Die Europäische Eibe (Taxus baccata) gehört zur Familie der Eibengewächse (Taxaceae) und ist ein Nadelholzgewächs. Eiben sind kleine bis mittelgroße Bäume. Einzelne alte Exemplare können jedoch 20 Meter hoch werden. Sie wachsen sehr langsam und werden teils über tausend Jahre alt. Aus Untersuchungen des Baumstumpfs einer Eibe auf dem Friedhof von Fortingal in Schottland schätzt man dessen Alter auf eintausendfünfhundert Jahre. Die Eibe kommt in ganz Europa vor, sie hatte jedoch vor ihrer Dezimierung einen Verbreitungsschwerpunkt in den Gebieten mit atlantischem Klima, besonders in England, Schottland und Irland.

Die Rinde der Eibe ist rötlich braun. An ihren Ästen befinden sich dunkelgrüne, glänzende Nadeln, die zweizeilig angeordnet sind. Die Samen sind von einem roten Samenmantel umgeben, der in seiner Erscheinung einer Frucht gleicht (»Scheinbeere«). Eiben sind zweihäusig, d. h., männliche und weibliche Blüten stehen auf verschiedenen Bäumen.

Das Holz der Eibe wird seit der Steinzeit zur Fertigung von Jagdwaffen, insbesondere von Speeren und Bögen, verwendet. So besteht der älteste in England gefundene Speer eines Neandertalers aus Eibenholz. Aufgrund der Tatsache, dass Eibenholz noch resistenter gegen Fäulnis ist als Eiche, wurde es als Bauholz in sehr feuchten Gebieten verwendet. In Venedig wurden fünfhundert Jahre alte Eibenbalken gefunden. Das schöne, stark nachdunkelnde Holz wurde auch als »Ebenholz« in der Möbelschreinerei verwendet.

Die Nadeln der Eibe sind giftig – nicht jedoch die Frucht –, wobei Tiere sehr unterschiedlich auf das Gift reagieren. Während Rehe gerne und gefahrlos an Eibenzweigen äsen, kommt es bei Pferden nach dem Verzehr zu starken Vergiftungen. Auch für Menschen ist das Gift der Nadeln gefährlich. Cäsar berichtet in seinem »Gallischen Krieg«, dass sich Catuvolcus, ein Herrscher der keltischen Eubronen, mit Eibengift umgebracht habe, nachdem die Römer in sein Reich eingedrungen waren.

In der germanischen Mythologie ist die Eibe der Baum des Ullr, des Gottes des Winters, der mit Eibenbogen auf Schneeschuhen durch sein Reich wandert. Bei den Kelten war die Eibe ein den Todesgöttern geweihter Baum, der auf Friedhöfen als Symbol für ewiges Leben gepflanzt wurde.

Die Römer nannten die Eibe »taxus«, was an das griechische »taxon« angelehnt ist, das »Bogen« bedeutet. Auch das mittelhochdeutsche Wort »iwe«, von dem sich »Eibe« herleitet, bedeutet »Bogen«. Offensichtlich waren die uralten Eiben des Mittelalters ein Symbol für Ewigkeit. So hängt vermutlich das althochdeutsche »iwa« für »Eibe« und »Bogen« mit dem Wort »ewa« für »Ewigkeit« zusammen. Es ist bedauerlich, dass Elisabeth und die Plünderer der Eibenwälder nicht daran gedacht haben.

QUELLEN

Fussenegger, Gertrud: Herrscherinnen, Stuttgart 1991
Hardy, Robert: Longbow: A Social and Military History, Phoenix Mill 2006

Ackermann, Diane: A Natural History of the Senses, New York 1990
Bremness, Lesley: Das große Buch der Kräuter, Aarau 1988
Godet, Jean-Denis: Bäume und Sträucher, Melsungen 1987
Golther, Wolfgang: Handbuch der Germanischen Mythologie, Leipzig 1895 (Nachdruck Wiesbaden 2004)
Hurton, Andrea: Erotik des Parfums, Frankfurt a. M. 1994
Kinzel, Rudolf: Parfums, Berlin 1993
Küchli, Christian: Auf den Eichen wachsen die besten Schinken, Aarau 2000
Lexikon-Institut Bertelsmann: Das große illustrierte Pflanzenbuch, Gütersloh 1966
Perfall, Manuela von: Parfum, Weil 1992
Rimmel, Eugène: Book of Perfums, London 1865. Dt. u. d. T.: Das Buch des Parfums: die klassische Geschichte des Parfums und der Toilette, hrsg. und übers. von Karin-Beate Voigt-Karben, Frankfurt a. M. 1988
Rohde, Eleanor Sinclair: The Old English Herbals, New York 1971

Smythe, Lynne: Medieval and Renaissance Strewing Herbs, in: Llewllyn's 2004 Herbal Almanac, St. Paul 2004
Stehli, Ulli: Der englische Langbogen, in: Das Bogenbauer-Buch, Ludwigshafen 2003

Thomas Jefferson
DER GÄRTNER VON MONTICELLO
Tomate und Aubergine

Thomas Jefferson (1743–1826) war eine herausragende Persönlichkeit der amerikanischen Aufklärung, einer der Führer der Unabhängigkeitsbewegung, Verfasser der Unabhängigkeitserklärung vom 4. Juli 1776 und dritter Präsident der Vereinigten Staaten.

Im Jahr 1743 wurde Jefferson als Sohn eines wohlhabenden Plantagenbesitzers in Virginia geboren. Nach seiner Zulassung als Rechtsanwalt begann er sich politisch zu engagieren und wurde 1769 ins Abgeordnetenhaus von Virginia gewählt. Nachdem er 1774 eine Schrift mit dem Titel »A Summary View of the Rights of British America« veröffentlicht hatte, beauftragte ihn der Kontinentalkongress mit der Formulierung der Unabhängigkeitserklärung. In Virginia, dessen Gouverneur er von 1779 bis 1781 war, betrieb er eine Reformpolitik, die sich an der Aufklärung und am Republikanismus orientierte; er setzte die Trennung von Kirche und Staat durch und bekämpfte soziale Privilegien. Seine politische Karriere führte ihn ab 1783 als Abgeordneter in den Kongress, und schon ein Jahr später wurde er Botschafter in Frankreich. Dort erlebte er die frühe Phase der Französischen Revolution, die er begeistert begrüßte. Zurück in Amerika wurde er für mehrere Jahre Außenminister unter George Washington. Im Jahr 1800 gewann Jefferson die Präsidentschaftswahl und wurde für acht Jahre Präsident der Vereinigten Staaten. Während seiner Amtszeit wurde Louisiana Frankreich abgekauft (ein Gebiet, das eine Reihe der heutigen Bundesstaaten des Mittleren Westens umfasst), wodurch das Territorium der USA beträchtlich vergrößert wurde. Ferner initiierte er die Lewis-und-Clark-Expedition zur Erforschung der noch weiter westlich gelegenen Gebiete.

Doch Jefferson war nicht nur ein brillanter Politiker und Philosoph, sondern auch ein nach universeller Bildung strebender Humanist. Nach seiner Präsidentschaft zog er sich auf sein Landgut nach Monticello zurück und engagierte sich als Architekt, Erfinder, Archäologe, Farmer, Botaniker und – mit großer Leidenschaft – als Gärtner.

DER GÄRTNER VON MONTICELLO

Schon im Jahr 1769 begann Jefferson mit dem Bau seines Landguts in Monticello, Virginia. Bedingt durch seinen Europa-Aufenthalt und viele Umbauten zog sich die Vollendung über viele Jahre bis 1809 hin. Das von ihm selbst konzipierte Haus – das einzige der Vereinigten Staaten mit dem Status Weltkulturerbe – befindet sich in exponierter Lage auf dem Gipfel eines Hügels mit großartigem Blick auf die Blue Ridge Mountains. Die Gärten und Parkanlagen wurden von Jefferson detailliert geplant und unter seiner Regie realisiert.

Sein Leben lang hatte Jefferson großes Interesse an

Pflanzen und Naturkunde allgemein. Die von ihm initiierte Lewis-und-Clark-Expedition in den damals unbekannten amerikanischen Westen war nicht nur ein wichtiger politisch-strategischer Schachzug, sie diente überdies der geografischen Erkundung. Und aufgrund von Jeffersons Einfluss gab es zudem einen starken botanischen Schwerpunkt, der zur Entdeckung neuer Pflanzenarten führte.

Sein Zeitgenosse, der Botaniker Benjamin Barton, erklärte 1792 auf einem Kongress der American Philosophical Society, dass Jefferson's »Wissen über Naturgeschichte, speziell in Botanik und Zoologie, nur von wenigen anderen Personen der Vereinigten Staaten erreicht wird«. Jefferson selbst schrieb 1800 in seinem Buch »Memorandum of Services«: »Der größte Dienst, den man einem Land leisten kann, ist die Einführung einer neuen Nutzpflanze in seine Kultur.« Tatsächlich brachte der Weinliebhaber Jefferson viele für Nordamerika neue Weinreben aus Frankreich mit. Als Winzer experimentierte er selbst mit den Reben und propagierte ihren Anbau. Dies führte zu politischen Konsequenzen, denn alkoholfeindliche Puritaner lehnten Weinanbau ab, während Jefferson sich dafür einsetzte, maßvollen öffentlichen Weinkonsum zu erlauben. Seine Liebe zum Wein hatte Jefferson in Frankreich entdeckt. Von dort unternahm er Reisen in andere europäische Anbaugebiete. Dabei kam er 1788 auch ins Rheintal und besuchte dort Schloss Johannisberg, dessen Wein er als den besten am Rhein lobte.

Neben neuen Weinreben brachte Jefferson erstmals Auberginen (Solanumum melongena) aus der Alten

Welt nach Nordamerika, deren Samen er von einem französischen Freund erhalten hatte. Speziell die geschätzten weißen Auberginen werden noch heute wie schon zu Jeffersons Zeiten in den wiederhergestellten Schaugärten von Monticello angebaut.

In Monticello ließ Jefferson ausgedehnte Wein- und Obstgärten mit mehreren Hundert Bäumen anlegen. Ein besonderer Favorit waren seine Pfirsichbäume, von denen dreiundsiebzig verschiedene Sorten angepflanzt wurden. Neben den üppigen Blumenbeeten im Park um das Haus gab es einen 300 Meter langen Gemüsegarten am Hang des Hügels, der in die Bereiche »Früchte« (hauptsächlich Bohnen und Tomaten), »Wurzeln« (Karotten und Rüben) und »Blätter« (Salat und Kohl) unterteilt war. Wie aus seinem Gartentagebuch hervorgeht, experimentierte Jefferson mit einer großen Vielfalt an Sorten, die er teilweise selbst aus Europa mitgebracht hatte – oder sich schicken ließ – und dann je nach Anbauerfolg selektierte. Ein Kuriosum war der jährliche »Erbsen-Wettbewerb«: Gewinner war der Gärtner, der seinen Nachbarn die erste Erbsen-Mahlzeit des Jahres bei einem gemeinsamen Dinner servieren konnte.

Jeffersons Leidenschaft für seinen Garten kommt in einem Brief aus seinen späten Lebensjahren an Wilson Peale auf sympathisch bescheidene Weise zum Ausdruck: »Zwar bin ich ein alter Mann, doch nur ein junger Gärtner.«

Anfang des 19. Jahrhunderts war die Tomate in Nordamerika noch sehr wenig bekannt. Jefferson erhielt seine ersten Tomatensamen vermutlich von französischen Einwanderern aus den Südstaaten; anderen Quellen zufolge fand er schon 1782 zufällig Tomaten in einem Garten in Virginia. Jeffersons eigenen Aufzeichnungen zufolge hat der portugiesische Arzt John de Sequeyra als Erster die Tomate 1754 als Einwanderer von Europa nach Nordamerika gebracht, wo er sie als Mittel anpries, Unsterblichkeit zu erlangen. Anders als bei der Aubergine gebührt Jefferson also nicht die Ehre, die Tomate in Nordamerika eingeführt zu haben, wie manche Quellen behaupten. Doch zumindest war er es, der ihr dank seines Status als bekanntester Gärtner seiner Zeit zum Durchbruch verhalf. Im Jahr 1806 ließ er sogar Tomaten während eines offiziellen Präsidenten-Dinners servieren. Die Akzeptanz für Tomaten war seinerzeit noch sehr gering. Das lag an dem damals weitverbreiteten Glauben, Tomaten seien giftig. Hinzu kamen moralische Bedenken: Man sagte dem »Liebesapfel« aphrodisierende Wirkungen nach, sodass ein gemeinsamer Verzehr bei einer Familienmahlzeit bedenklich erschien. Dieses Vorurteil hat Jefferson allerdings in gewisser Weise bestätigt: Nach dem Tod seiner Frau, mit der er sechs Kinder hatte, zeugte er auch mit seiner schwarzen Sklavin Sally Hemings noch mehrere Kinder.

Trotz aller Vorurteile ließ sich der weltweite Siegeszug der Tomate nicht mehr aufhalten. Der Weg dieser heute so bedeutenden Kulturpflanze war allerdings kompliziert. Archäologische Funde ergaben, dass die Tomate schon lange vor der spanischen Eroberung in den Küstengebieten Perus kultiviert wurde. Von da aus gelangte sie zu den Azteken in die Ebenen Mittelamerikas.

Das Wort Tomate leitet sich von »tomatl« aus der aztekischen Sprache ab.

Bei der Eroberung Mexikos im Jahr 1519 begegneten Hernán Cortéz und seine Begleiter als erste Europäer der Pflanze. Auf dem Weg von Vera Cruz nach Tenochtitlan, dem heutigen Mexiko-City, kam es in dem Ort Cholula zu einer feindlichen Begegnung mit den Azteken. Bernal Diaz schrieb, dass die Azteken »uns töten und unser Fleisch essen wollten« und »sie hatten ihre Kochtöpfe bereit, vorbereitet mit Chili-Schoten, Tomaten und Salz«. So wären die stolzen spanischen Eroberer beinahe als Fleischeinlage in einem pikanten Tomateneintopf gelandet.

Offensichtlich waren sie später von der Vielfalt der Sorten, denen sie auf den Märkten von Tenochtitlan begegneten, sehr beeindruckt: Die Verkäufer »boten große Tomaten, kleine Tomaten, grüne Tomaten, Blatt-Tomaten, dünne Tomaten, süße Tomaten, große Schlange-Tomaten, nippelförmige Tomaten, Kojoten-Tomaten, Sand-Tomaten und solche, die gelb, sehr gelb, ziemlich gelb, rot, sehr rot, ziemlich gerötet, strahlend rot, rötlich und rosa waren, an.«

Die Spanier brachten die Frucht und ihre Samen im frühen 16. Jahrhundert nach Europa, wo sie erstmals vom italienischen Apotheker und Botaniker Petrus Matthiolus in einem Dokument erwähnt wurde. Dieser klassifizierte sie als Alraune, wodurch ihr noch sehr lange der Ruf einer Giftpflanze nachhing. Der ihr später gegebene lateinische Name Lycopersicon (»Wolfspfirsich«) hat diesen Ruf wohl eher noch verstärkt. Obwohl die Tomate seit dem späten 16. Jahrhundert schon in vielen Gärten des Mittelmeerraums angebaut und auch in der Küche genutzt wurde, rieten die Gelehrten und Botaniker, sie nur zu medizinischen Zwecken zu verwenden. Im 17. Jahrhundert kam dann die Legende von der aphrodisierenden Wirkung auf, und Bezeichnungen wie »Pomme d'amour« und »Liebesapfel« wurden geprägt. In dieser Zeit dehnte sich des Verbreitungsgebiet der Tomate bis in den arabischen Raum aus. Trotz der Nähe zu ihrem geografischen Ursprung konnte die Pflanze Nordamerika erst im 18. Jahrhundert erreichen, wo sie vermutlich portugiesische oder französische Einwanderer in die Südstaaten – mit ihrem Schwerpunkt Louisiana – einführten. Im Jahr 1823 erschien erstmals ein Ketchup-Rezept in der Zeitschrift »American Farmer«.

Während die Tomate ihren Weg von der Neuen in die Alte Welt und zurückfand, sorgte Jefferson 1806 dafür, dass die Aubergine – als einziges in Europa bekanntes essbares Nachtschattengewächs – nach Amerika kam. Dabei ist die Aubergine ursprünglich auf dem indischen Subkontinent beheimatet, wo sie vor etwa viertausend Jahren domestiziert wurde. Tatsächlich ist der wissenschaftliche Name »Melongena« auch der alte Sanskrit-Begriff für Aubergine. Etwa um 500 vor Christus fand die Pflanze ihren Weg nach China, wo sie in zahlreichen neuen Formen und Farben gezüchtet wurde. Auf den klassischen Handelswegen kam die Frucht weiter nach Westen, zunächst nach Ägypten und dann in die Türkei, wo sie bis zum heutigen Tag sehr beliebt ist; das belegt die große Zahl türkischer Rezepte.

Der Weg der Aubergine ins christliche Europa

führte über Spanien, wo sie von den Mauren eingeführt wurde. Ähnlich wie im Fall der Tomate glaubten die Spanier, die Aubergine sei ein starkes Aphrodisiakum, und bezeichneten sie auch als »Liebesapfel«. Der in Frankreich geprägte Name »Aubergine« entstand durch eine Verballhornung der katalanischen Bezeichnung »Alberginia«, die vom arabischen Wort »al-badinjan« abgeleitet ist. Im nördlichen Europa war die Pflanze schon ab dem 13. Jahrhundert bekannt, aber man begegnete ihr zunächst mit Ablehnung, da man sie für giftig hielt. Um 1550 wurden sowohl gelbe als auch violette Sorten von Neapel nach Deutschland gebracht, später kamen auch weiße Züchtungen dazu. In der europäischen Küche erlangte die Aubergine aber niemals eine so große Beliebtheit wie die Tomate.

DIE PFLANZEN

Die zur Familie der Nachtschattengewächse gehörende Gattung Lycopersicon umfasst neun Tomatenarten, die ihre ursprüngliche Heimat im westlichen Andenvorland haben. Die Mehrzahl der heute mehr als zehntausend durch Züchtung entstandenen Varietäten stammt von der Lycopersicon esculentum mit ihren typischen roten Früchten ab. Eine zweite, ebenfalls rote Art ist die Lycopersicon pimpinellifolium, die jedoch sehr kleine, in langen hängenden Trauben wachsende Früchte hat (»Cocktail-Tomate«). Bei der Lycopersicon cheesmani sind die Früchte gelb oder orange. Daneben gibt es sechs weitere Arten, deren Früchte innen grün oder weiß sind.

Die Tomatenpflanze ist einjährig, besitzt einen

schnellwüchsigen, verzweigten schwachen Stängel, der bis 1,5 Meter hoch wird und beim Anbau meist abgestützt wird. Die gefiederten Blätter haben abwechselnd große und kleine Blättchenpaare. Die gelben Blüten mit fünf Kronblättern sind sternförmig geöffnet. Die ganze Pflanze ist behaart und strömt einen würzigen Geruch aus. Tomaten gedeihen optimal in gemäßigt warmem Klima an sehr sonnigen Standorten.

Der Nährwert der roten Früchte beruht vor allem auf dem Gehalt an Vitaminen und Mineralstoffen. Das giftige Alkaloid Solanin verschwindet während der Reife. Ätherische Öle und organische Säuren bewirken den typischen Geschmack.

Tomaten werden heute weltweit im großen Maßstab sowohl im Freiland als auch in Gewächshäusern angebaut. Heute sind die USA der weltweit bedeutendste Erzeuger, die Jahresernte 1994 betrug dort zwölf Millionen Tonnen.

Die Aubergine gehört ebenfalls zur Familie der Nachtschattengewächse. Sie wird etwa 1 Meter hoch und hat große ganzrandige Blätter. Ihre Blüten sind etwa 2,5 cm breit und haben sechs bis neun violette Kronblätter. Je nach Sorte unterscheiden sich die Früchte stark: Einige sind eher klein und eiförmig (daher der englische Name »eggplant«), andere sind groß und eher länglich oder birnenförmig. Im Handel befinden sich heute überwiegend violette oder violett-braune Früchte, es gibt jedoch auch gelbe und weiße Sorten.

Die Aubergine wird in der Küche gebraten, gekocht oder gedünstet. Sie ist der Hauptbestandteil des bekannten griechischen Auflaufs »Moussaka« und erfreut sich auch in der arabischen und türkischen Küche besonderer Beliebtheit.

Genau wie bei der Tomate enthalten unreife Früchte das Gift Solanin. Die Blätter der Aubergine haben nach der Tabakpflanze den zweitgrößten Gehalt des Nervengiftes Nikotin.

QUELLEN

Beiswanger, William L./Hatch, Peter J./Stanton, Lucia/Steiner, Susan R.: Thomas Jefferson's Monticello, Chapel Hill 2002
Hatch, Peter J.: Private Mitteilung
Trumbull, John: Brief Biography of Thomas Jefferson, in: www.monticello.org

Franke, Wolfgang: Nutzpflanzenkunde, Stuttgart 1997
Kiple, Kenneth F.: A Movable Feast, New York 2007
Lexikon-Institut Bertelsmann, Das große illustrierte Pflanzenbuch, Gütersloh 1966
Mikanowski, Lyndsay/Mikanowsi, Patrick: Tomate, München 2000
Spurling, K.: A Brief History of the Eggplant, in: www.searchwarp.com/swa1295.htm, 2003
Staab, Josef: Schloss Johannisberg, Mainz 2001

Kaiserin Cixi
DIE ZERSTÖRUNG DER PALASTGÄRTEN
Päonie, Teestrauch und Schlafmohn

Cixi (1835–1908) führte als Kaiserinwitwe zwischen 1861 und 1908 mehrfach die Regentschaft über China. Sie war die Tochter eines mandschurischen Mandarins und kam mit siebzehn Jahren als eine von vielen Konkubinen des Kaisers in die Verbotene Stadt nach Peking. Obwohl sie eine Nebenfrau fünften Ranges war, konnte sie als Einzige dem Kaiser einen Sohn schenken. Dieser Umstand und ihr raffiniertes Taktieren am kaiserlichen Hof ermöglichten es ihr, faktisch die Macht an der Spitze des Kaiserreichs zu ergreifen. Nach dem Tod von Kaiser Xianfeng 1861 übernahm sie für ihren minderjährigen Sohn Tongzhi die Regentschaft als Kaiserinwitwe. Im Februar 1873 bestieg dann Tongzhi selbst den Thron, allerdings behielt Cixi weiter die Fäden der Macht in der Hand. Nur zwei Jahre später starb Tongzhi an Pocken und Cixi wurde wieder Regentin, diesmal für ihren vierjährigen Neffen Guangxu. Mit nur kurzen Unterbrechungen konnte sie sich bis zu ihrem Tod 1908 an der Macht halten, nachdem sie Guangxu unter einem Vorwand 1898 verhaften ließ.

Cixis Herrschaftsperiode ist gekennzeichnet durch eine Reihe innenpolitischer Unruhen und Volksaufstände, die ihren Höhepunkt beim Boxeraufstand des Jahres 1900 erreichten. Die Geheimgesellschaft der »Boxer« kämpfte insbesondere gegen den Einfluss der Fremdmächte in China und belagerte zusammen mit kaiserlichen Truppen im August 1900 das Gesandtschaftsviertel in Peking. Die europäischen Mächte entsandten daraufhin Truppen nach Peking und zwangen die Belagerer zur Flucht. Während Cixis Regierungszeit gewannen die Kolonialmächte in China immer stärkeren Einfluss, und Teile Chinas wurden faktisch von ihnen annektiert. Dieser Niedergang des chinesischen Kaiserreichs hatte mit dem ersten Opiumkrieg (1839–1842) begonnen und wurde im zweiten (1856–1860) fortgesetzt.

DIE ZERSTÖRUNG DER PALASTGÄRTEN

Kaiserinwitwe Cixi war von kleiner, nur 1,50 Meter hoher Gestalt und hatte zierliche Hände und Füße. Als sie eine Nebenfrau des Kaisers wurde, galt sie als ausgesprochene Schönheit, mit hohen Wangenknochen und glänzend schwarzen Mandelaugen, die ihr, wenn sie lächelte, einen großen Charme verliehen. Eine Besonderheit ihrer Schminke war ein auffallend roter Tupfer auf ihrer Unterlippe. Sie stand neben der Kaiserin Niuhuru an der Spitze des bizarren Hofstaats in der Verbotenen Stadt Pekings. Dieser bestand aus sechstausend Personen, etwa dreitausend Frauen, ebenso vielen Eunuchen und einem einzigen Mann, dem Kaiser. Wann immer es ihr möglich war, flüchtete Cixi aus dem streng reglementierten Leben der Verbotenen Stadt in den Sommerpalast im Nordwesten Pekings mit seinen großartigen

Gartenanlagen. Blumen, insbesondere Päonien und Chrysanthemen, waren schon seit ihrer Jugend die große Leidenschaft der Kaiserinwitwe. Das einzige Bild Cixis, das der amerikanisch-holländische Künstler Hubert Vos malen durfte, zeigt sie in einem dunkelblauen Seidengewand, das bestickt ist mit rosa Blüten. In den Händen hält sie einen Fächer, auf dem eine übergroße Päonienblüte abgebildet ist. Sterling Seagrave berichtet in seiner Cixi-Biografie, dass sie während ihrer Audienzen typischerweise gelbe Satinkleider trug, bestickt mit rosa Päonien. Ihr Haarschmuck bestand aus Blumen, Perlen und Jade auf beiden Seiten und einem Phönix aus Jade in der Mitte.

Die besondere Tragödie im Leben der Kaiserin Cixi ist neben dem Verlust ihres Sohnes die zweifache Zerstörung ihres geliebten Gartens im Sommerpalast. Am Ende des zweiten Opiumkrieges drangen französische und britische Truppen im Oktober 1860 in den Sommerpalast ein und plünderten und zerstörten die Tempel, Häuser, darunter die kaiserliche Bibliothek mit ihren einmaligen Werken, und die Gartenanlagen. Um die Chinesen zu demütigen, wurden in sinnloser Zerstörungswut die kostbarsten Kunstschätze Chinas vernichtet und schließlich viele kunstvolle Pavillons gesprengt und die gesamte Palastanlage in Brand gesteckt. Dies war der Höhepunkt einer Kolonialpolitik, die mit der systematischen Schwächung des Kaiserreichs durch gezielten Opiumschmuggel in großem Maßstab begonnen hatte und mit Kanonenbooten fortgesetzt wurde.

Kaiser Xianfeng, Cixi und der gesamte Hofstaat

waren kurz vor der Eroberung des Sommerpalastes aus Peking geflüchtet und hielten sich jenseits der Großen Mauer 120 Kilometer nordöstlich von Peking im Kaiserpalast von Jehol auf. Die Zerstörung des Sommerpalasts war eine tiefe persönliche Demütigung für Kaiser Xianfeng. In den folgenden Monaten ging es mit seiner Gesundheit rapide bergab, und er starb im August 1861 in Jehol. Seine erste Frau Niuhuru und seine Nebenfrau Cixi, die ihm als einzige Frau einen Sohn geschenkt hatte, wurden zu gleichberechtigten Kaiserinwitwen ernannt, die nach dem Tod des Kaisers wieder nach Peking zurückkehrten und die Regentschaft übernahmen.

Gegen den Widerstand vieler Gegner in der von innenpolitischen Wirren geprägten Zeit betrieb Cixi über viele Jahre energisch den Wiederaufbau des Sommerpalastes und seiner Gärten. Legenden besagen, sie selbst hätte bis zu den Hüften in den Gartenteichen gestanden und Lotus gepflanzt. Angesichts ihrer bis zu zehn Zentimeter langen Fingernägel, die durch silberne Fingerhüte geschützt wurden, muss dies allerdings bezweifelt werden. Nach der Fertigstellung des Sommerpalastes verbrachte Cixi die meiste Zeit dort und widmete sich den Gärten und Zeremonien. Ihr Lieblingsritual war die Opferung für die Seidenwürmer, ein Frühlingsfest, bei dem seit jeher die Kaiserinnen im Seepalast am Altar des »kaiserlichen Seidenwurms« für die Beschützer der Seidenwürmer opferten. Bei dieser alten Ritualhandlung pflückten die Kaiserin und ihre Hofdamen, gekleidet in kostbare Silber- und Brokatroben, die ersten Maulbeerblätter des Jahres und legten sie in Körbe aus feinstem Bambus und Seide.

Wie sehr muss es Cixi geschmerzt haben, als sie zum zweiten Mal in ihrem Leben die Zerstörung des Sommerpalastes erleben musste. Am 15. August 1900 marschierten auf dem Höhepunkt des Boxeraufstandes wieder alliierte Truppen ein: Russen, Engländer, Franzosen und Amerikaner. Wie vierzig Jahre zuvor zerstörten sie erneut den Sommerpalast. Cixi floh wieder nach Jehol und kehrte erst nach zwei Jahren zurück. Als verbitterte, alte Frau ließ sie ein weiteres Mal ihren Garten und den Palast restaurieren, in dem sie noch sechs Jahre bis zu ihrem Tod im Jahr 1908 lebte.

Die Geschichte der Zerstörung war jedoch noch nicht zu Ende. Während der japanischen Besatzung im Zweiten Weltkrieg drangen japanische Truppen in den Palast ein und zerstörten ihn erneut. Zwei Jahrzehnte später haben dann die Roten Garden Maos die restlichen Gartenanlagen verwüstet. Dabei hatten sie es in Peking und im ganzen Land besonders auf die Päoniengärten abgesehen, da die Päonie als Symbol kaiserlicher und bürgerlicher Dekadenz galt. So wurden in ganz China viele in Jahrhunderten von fleißigen Gärtnern geschaffene Zuchtformen der Päonie unwiederbringlich vernichtet. Als Zierblume ließen die Roten Garden lediglich eine rote Salvie gelten, die Lieblingsblume Mao Tsetungs.

Cixis Schicksal ist eng verknüpft mit zwei für China besonders bedeutenden Pflanzen, der Päonie und dem Teestrauch.

Päonien kommen in China als Stauden vor (Paeonia lactiflora, chinesisch: Shaoyao, was auch »medizinische

Kräuterpflanze« heißt) und als verholzte Sträucher (Paeonia suffriticosa, chinesisch: Mudan oder Mutang, was »Kaiser aller Blumen« bedeutet). Die früheste Erwähnung in der chinesischen Literatur reicht bis in die Zeit um 600 v. Chr. zurück. In einem Gedicht eines Unbekannten aus dieser Zeit heißt es:

> Hinter dem Fluss Wei
> ist das Land offen und lieblich.
> Ein Ritter und eine Dame
> tollen und spielen.
> Dann reicht sie ihm eine Päonie.

Zur Zeit der Jin-Dynastie (265–420 n. Chr.) tauchten die Strauch-Päonien erstmals als Zierpflanzen in chinesischen Gärten auf, und schon in der Han-Zeit (206–221 v. Chr.) wurde die pharmakologische Nutzung von Päonien erwähnt. Im 4. Jahrhundert begann man in den kaiserlichen Gärten mit der Züchtung dieser prachtvollen Blumen. In der Tang-Zeit (618–907 n. Chr.) erlebten die Päonien als kaiserliche Blumen einen ersten Höhepunkt und standen ganz im Mittelpunkt des Interesses der Palastgärtner. Der züchterische Wettbewerb unter diesen Gärtnern brachte mehr als tausend Varietäten hervor. Die Tang-Zeit war geprägt von innerem und äußerem Frieden, und Kultur und Handwerk blühten auf. Auf den in dieser Zeit entstandenen Seiden- und Papierbildern sind immer wieder große Päonienblüten zu sehen. In der damaligen Literatur stand die Päonie für weibliche Schönheit und ein erfülltes Frauenleben. Gleichzeitig war sie ein Symbol für Reichtum, Macht und würdige Eleganz. Amitaba, der Buddha der Liebe, wird oft mit Päonien in den Händen dargestellt.

Ähnlich wie später bei der Tulpomanie in Holland erlebte China unter Kaiserin Wu Zetian, die von 683 bis 705 regierte, ein regelrechtes Päonienfieber. Kaiserin Wu ließ Tausende von Baumpäonien pflanzen, und im ganzen Land wetteiferte man darum, die schönsten und seltensten neuen Sorten zu züchten.

Wu war, genau wie Cixi, zunächst eine Konkubine des Kaisers gewesen und konnte nach dessen Tod durch geschicktes Taktieren und Intrigieren die eigentliche Kaiserin übergehen und selbst den Thron besteigen. Während ihrer Regierungszeit gelang es ihr, radikale Reformen durchzusetzen, die vor allem zu einer steuerlichen Entlastung der Kleinbauern führten – was die landwirtschaftliche Produktion erheblich steigerte. Daneben, und dies ist erstaunlich für die damalige Zeit, stärkte sie die Frauenrechte. Obwohl sie Chinas Außengrenzen festigte, reduzierte sie im Inneren die Größe und den Einfluss der Armee. Die politische und wirtschaftliche Stabilität unter Kaiserin Wu führte zu einem Aufblühen der Künste, nicht zuletzt der Gartenkunst mit der kaiserlichen Blume – der Päonie.

Die zweite Pflanze, die das Leben der Kaiserin Cixi in entscheidender Weise beeinflusste, war der Teestrauch (Camellia sinensis). Seit Jahrtausenden ist den Chinesen die Kunst der Trocknung und Fermentierung der Blätter des Teestrauchs und der Zubereitung des Tees bekannt. Ende des 16. Jahrhunderts brachten die Portugiesen erstmals Tee aus China nach Europa. In England und anderen nordeuropäischen Ländern wurde Tee ab Mitte des 17. Jahrhunderts bekannt und erfreute sich rasch als stimulierendes, alkoholfreies Getränk großer Beliebtheit.

Da Tee ausschließlich aus China importiert wurde, war er zunächst sehr teuer und nur für Reiche erschwinglich. Der Handel mit Tee wurde schnell zu einem wichtigen Wirtschaftsfaktor und lag fast vollständig in der Händen der Ostindien-Gesellschaften, Körperschaften von Händlern, die sich zusammengeschlossen hatten, um Risiken zu minimieren und den Wettbewerb auszuschalten. Die englischen und niederländischen Ostindien-Gesellschaften waren die mächtigsten Handelsorganisationen ihrer Art und die reichsten Wirtschaftsunternehmen der damaligen Welt. Im Wettbewerb dieser Handelsgiganten besaß die englische Ostindien-Gesellschaft bis Anfang des 19. Jahrhunderts nahezu ein Handelsmonopol für chinesischen Tee. Erstaunlicherweise wussten die Engländer lange Zeit praktisch nichts über den Teeanbau, und das fertige Produkt wurde bis 1840 ausschließlich über einen einzigen Hafen, nämlich Kanton, nach Europa gebracht. Erst 1840 entdeckte man eine zweite Teepflanzenart (Camellia assamica) in Assam und baute dann ab 1852 auch in der indischen Region Darjeeling Tee an. Der steigende Teekonsum in Europa führte zu einer Steigerung der Importe von 50 Tonnen im Jahr 1700 hin zu 15 000 Tonnen im Jahr 1800. Diese enormen Mengen und der stets steigende Preis führten allerdings zu einem sich immer mehr verschärfenden Problem: Die Chinesen akzeptierten nur Silber als Handelswährung, und das wurde Anfang des 19. Jahrhunderts knapp und teuer. Die englische Ostindien-Gesellschaft fand jedoch ein äußerst lukratives Handelsgut für ein Kompensationsgeschäft: Opium. Die Engländer ließen von bengalischen Bauern in großem Maßstab Schlafmohn (Papaver somniferum) anbauen, das geerntete Opium kauften sie billig ein und verkauften es sehr teuer, bezahlt mit Silber, in China. Die Einfuhr von Opium war in China verboten, aber die Engländer schafften es, über Mittelsmänner große Mengen an Opium ins Land zu schmuggeln; im Jahr 1830 waren es 1500 Tonnen mit einem Wert von etwa einer Milliarden Euro (nach heutigem Geldwert). Die chinesische Regierung versuchte gewaltsam, die Opiumeinfuhr zu verhindern, und der Konflikt eskalierte militärisch: 1839 brach der erste Opiumkrieg aus, der den Niedergang des chinesischen Kaiserreichs einläutete.

DIE PFLANZEN

Die Päonien, in Deutschland meist als Pfingstrosen bezeichnet, kommen sowohl als Stauden (Paeonia officinalis oder Paeonia lactiflora) als auch als holziger Strauch (Paeonia suffruticosa) vor und gehören zur Familie der Pfingstrosengewächse (Paeoniaceae). Die Paeonia officinalis ist eine im Mittelmeerraum heimische seltene Pflanze, die dort auf Hügeln und in Bergwäldern wächst. Sie hat als Dauerpflanze knollige Wurzeln und zwei- oder dreizählige breite Blätter. Die sehr großen roten oder rosa Blüten an der Spitze eines Stängels werden bis zu 10 cm breit. Die beliebten Gartenstauden (Paeonia lactiflora) stammen aus China – daher werden sie oft auch China-Päonien genannt –, der Mongolei und Sibirien.

Die in China und Tibet in sehr vielen Varietäten gezüchteten Strauch-Päonien wurden erstmals 1789 in Europa eingeführt und sind heute bei Gärtnern weltweit wegen der sehr großen schönen Blüten in vielen Farbvariationen als teuere Raritäten begehrt.

Päonien sind seit der Antike sowohl in Europa als auch in Asien geschätzte Heilpflanzen mit schmerzlindernder und beruhigender Wirkung. Der Name ist vom Götterarzt Päon aus der griechischen Mythologie abgeleitet. Das in den Wurzeln enthaltene Alkaloid Peregrin fördert die Blutgerinnung, was zur wundheilenden Wirkung der Päonie führt. Schon Homer berichtet, dass der Wurzelsaft der Päonie den verwundeten Helden in der Schlacht um Troja geholfen hat.

Der Teestrauch (Camellia sinensis) gehört zur Familie der Teegewächse (Theaceae), seine Heimat ist das südwestliche China, Nordburma und Assam (dort die Art Camellia assamica). Als wichtige Nutzpflanze wird heute Tee in vielen Ländern mit warmem, sonnigem und feuchtem Klima angebaut. Die Hauptanbaugebiete liegen im Süden Chinas und in Indien – dort besonders im Distrikt Darjeeling an den Hängen des Himalaya –, Japan, Java, Kenia, Taiwan, Guatemala und der Türkei.

Der Teestrauch wird selten größer als 2 bis 6 Meter, durch Schnitt nur 1 bis 2 auf den Teeplantagen. Charakteristisch sind seine elliptisch oder oval lanzettförmigen Blätter, die 6 bis 12 cm lang werden, spitz oder abgerundet sind und am Rand dunkel gezähnt. Die Blüten, weiß oder rosa schattiert, erreichen einen Durchmesser von mehreren Zentimetern. Es handelt sich in der Regel um Einzelblüten, die aber auch paarweise zusammenstehen können. Nach der Blüte bildet sich eine Kapselfrucht.

Die Teeblätter enthalten neben Wasser, Tannin, Vitamin B auch Alkaloide, zu denen auch Koffein zählt, dem der Tee seine stimulierende Wirkung verdankt.

Die komplizierte Fermentierung wird je nach Teesorte in unterschiedlicher Weise – teils nach sehr alten chinesischen Rezepten – durchgeführt. Grünen Tee fermentiert man beispielsweise nur schwach oder gar nicht, schwarzen Tee stärker. Bei diesem Prozess entsteht ein ätherisches Öl, das dem Tee seinen charakteristischen Wohlgeruch verleiht. Um Geschmack und Geruch noch zu verändern, werden dem Tee auch Parfümierungen hinzugefügt, wie zum Beispiel die Blüten des Arabischen Jasmins (Jasminum sambab).

Die Gattung Mohn (Papaver) gehört zur Familie der Mohngewächse (Papaveraceae). Die Mohnblüten zeichnen sich durch zwei kahnförmige Kelchblätter und die sehr zarten Blütenblätter in leuchtenden Farben aus. Die wohl bekannteste Mohnart ist der feuerrot blühende Klatschmohn (Papaver rhoeas). Die vier roten Blütenblätter haben am Grund einen schwarzen Fleck, der oft von einem weißen Rand umgeben ist. Die zahlreichen Staubblätter sind dunkelviolett und umgeben einen großen Fruchtknoten, der sich nach dem Verblühen zu einer Kapsel umbildet, die eine große Zahl von Mohnsamen enthält. Beim Schlafmohn (Papaver somniferum) enthält die Fruchtkapsel einen milchigen Saft,

Schlafmohn

den man durch Einschnitte herausquellen lassen kann. In getrockneter Form bezeichnet man diese Substanz als Opium, eine der klassischen Drogen und Grundstoff für Morphium und andere Wirkstoffe. Schlafmohn ist eine der wichtigsten Pflanzen der gesamten Pharmaziegeschichte.

QUELLEN

Fairbank, John King: Geschichte des modernen China 1800–1985, München 1989

Seagrave, Sterling: Die Konkubine auf dem Drachenthron, München 1994

Beuchert, Marianne: Die Gärten Chinas, Köln 1983

Fearnley-Whittingstall, Jane: Päonien – Die kaiserliche Blume, Hamburg 2000

Franke, Wolfgang: Nutzpflanzenkunde, Stuttgart 1997

Hobhouse, Henry: Sechs Pflanzen verändern die Welt, Stuttgart 2001

Lexikon-Institut Bertelsmann: Das große illustrierte Pflanzenbuch, Gütersloh 1966

Lundt, Holger: Im Garten der Nymphen, Düsseldorf/Zürich 2006

Hinweis

Der erste Teil der Pflanzenpassionen von Holger Lundt erschien 2008 bei Artemis & Winkler unter dem Titel: Die Rosen der Kleopatra. Darin sind folgende Geschichten enthalten:

Alexander der Große
Alexander und die vergessenen Inseln des Glücks
Aloe und Drachenblutbaum

Kleopatra VII.
Brot und Rosen
Rose und Weizen

Juba II.
Juba der Entdecker
Wolfsmilch

Chlodwig I.
Das Wappen der Franken
Iris

Isabella von Kastilien
Eine neue Welt für das weiße Gold
Zuckerrohr

Shogun Hidetada Tokugawa
Im Garten der Samurai
Kamelie, Kirsche und Chrysantheme

Napoleon und Joséphine
Corporal Violette und die Rosenkaiserin
Veilchen und Rose

Bildnachweis